"十四五"国家重点出版物出版规划项目

基础科学基本理论及其热点问题研究

基础科学
Basic Science

王金涛　余文力　王　涛◎著

铀材料表面吸附行为

Surface Adsorption Mechanism of Uranium Materials

U0178471

中国科学技术大学出版社

内 容 简 介

铀材料是核工业领域中非常重要的一类材料。铀部件的物理、化学、机械、辐照等性能均制约了其在不同领域的应用,并由此衍生出丰富的不同类别的铀材料,这些铀材料的结构组成和性能参数迥异。本书基于第一性原理、晶格动力学和过渡态理论,系统介绍了铀金属、铀氧化物、铀合金等形式的铀材料表面气体分子的吸附、解离、扩散等过程,从微观层面分析了铀材料的表面吸附规律。全书共分4篇14章:第1篇为第1、2章,主要介绍了铀材料的研究现状和理论研究方法;第2篇为第3~5章,主要介绍了铀金属表面的吸附行为;第3篇为第6、7章,主要介绍了二氧化铀的表面吸附行为;第4篇为第8~13章,主要介绍了铀铌合金的表面吸附行为。

本书可供从事核材料计算研究的科研人员、研究生、本科生参考。

图书在版编目(CIP)数据

铀材料表面吸附行为/王金涛,余文力,王涛著.—合肥:中国科学技术大学出版社,2023.8
(基础科学基本理论及其热点问题研究)
"十四五"国家重点出版物出版规划项目
ISBN 978-7-312-05702-1

Ⅰ. 铀⋯　Ⅱ. ① 王⋯　② 余⋯　③ 王⋯　Ⅲ. 铀合金—金属材料—表面—吸附
Ⅳ. TG146.8

中国国家版本馆 CIP 数据核字(2023)第 124017 号

铀材料表面吸附行为
YOU CAILIAO BIAOMIAN XIFU XINGWEI

出版	中国科学技术大学出版社
	安徽省合肥市金寨路 96 号,230026
	http://press.ustc.edu.cn
	https://zgkxjsdxcbs.tmall.com
印刷	安徽国文彩印有限公司
发行	中国科学技术大学出版社
开本	787 mm×1092 mm　1/16
印张	11.75
字数	277 千
版次	2023 年 8 月第 1 版
印次	2023 年 8 月第 1 次印刷
定价	78.00 元

前　言

1789年，德国化学家Klaproth发现了铀（Uranium），并以五年前发现的天王星（Uranus）命名。Klaproth试图用糖制备的碳还原金属铀的氧化物，但没有成功。因此，他将其描述为"亚金属"或"伪金属"元素，以此描述其不具有金属的一般特性。直到1841年，也就是铀被发现半个世纪后，法国化学家Peligot才通过用金属钾还原四氯化铀，成功地获得了单质铀。Peligot证明，在用碳还原铀氧化物的过程中，正如Klaproth所做的那样，只得到了铀的较低价氧化物，即其二氧化物。然而，在用钾还原四氯化铀的过程中，获得了一种具有金属性质的物质（直到1936年，用X射线方法科学地确定了铀的晶体结构，才获得了铀金属性质的完整证据）。Peligot通过研究铀化合物，推算其原子量为120。他还发现了一种利用硝酸铀酰在乙醚中的溶解度提纯铀化合物的方法。到了19世纪60年代末，门捷列夫开始对铀感兴趣，他在测定铀的原子量时发现了Peligot的错误，并证明其原子量为240。门捷列夫将铀放在元素周期表的末尾。从铀是元素周期表中最后、最重的元素这一事实出发，这位伟大的俄罗斯科学家后来写道："我确信，从铀的自然资源出发，对铀的研究将带来许多新发现。我自信地建议任何正在寻找新研究课题的人都要特别考虑铀化合物。"

现在，我们回过头来重新审视，门捷列夫的预言是多么具有前瞻性！

人类对铀的应用历史可以分为三个阶段：

第一个阶段从铀被发现到1896年，只有一小部分化学家对铀感兴趣，除了小规模生产一种黄色铀颜料（铀酸钠），用于绘画和制造玻璃、搪瓷和清漆外，铀几乎没有实际用途。

第二个阶段从1894年延续到1941年。它始于法国物理学家亨利·贝克勒尔（Henri Becquerel）发现铀矿物的放射性，这些铀矿物是从Yakhimov（位于捷克）附近的矿井中获得的。

铀的放射性现象引起了全世界物理学家的关注。1898年，皮埃尔·居里和玛丽·居里在分析和处理Yakhimov 5号铀矿石过程中发现了与天然铀伴生的放射性元素镭（Ra）和钋（Po）。镭具有强放射性，在医学上被用于治疗某些疾病。为了生产镭，捷克、美国、比利时（使用刚果矿石）和加拿大建立了铀矿加工厂。苏联自1923年开始从铀矿石中提取镭。

在 1906 年至 1939 年间,世界上铀的总提取量约为 4000 t。因此,铀使用史上的第二个阶段的特点是从铀矿石中提取镭。镭萃取中的铀盐是副产品,没有实际用途。第一次世界大战期间在制造合金钢中使用铀的尝试并没有产生积极的效果。

第三个也是目前的阶段始于 1941 年,当时开始研究将铀用于军事目的,其特点是铀和铀矿床具有重大战略意义。在这一时期,全世界寻找新的铀矿和矿床甚至可以与"淘金热"时代相提并论。主要资本主义国家之间展开了一场争夺殖民地和附属国家铀矿所有权和开采权的斗争。

进入第三个阶段后,科学家对铀的研究突飞猛进。他们开始将新的、强大的内在力量(原子能)用于和平与军事目的。原子能成为人类工业中的崭新能源;放射性同位素也被广泛使用。核电站已经成为当前世界电力系统的重要组成部分。

可以说,铀及其各类化合物已经形成了一系列完整的铀材料库,并在工业和军事领域得到了广泛的应用。伴随着铀材料的深入应用,铀材料在各类应用场景中所暴露出来的性能短板愈发突出,如腐蚀问题、辐照损伤问题、生物毒性问题等,这些问题促进了对新型铀材料的研究。

铀材料作为一个国家特别是大国的战略材料,其性能优劣直接展示了一个国家的工业水平和研究水平,是大国实力的生动体现。我国作为有核国家,既拥有核武器,又拥有发达的核工业,对铀材料的种类和性能有极高的要求。因此,长期以来,我国科学家针对铀材料开展了大量富有成效的研究,为铀材料的应用奠定了坚实的基础。

本书正是在这样的背景下作者近年来部分研究成果的总结。本书针对铀材料的表面腐蚀问题,利用理论研究方法,系统地开展了气体分子在铀材料表面的吸附机理研究。

在撰写本书的过程中,作者得到了诸多老师的支持和帮助。在此特别感谢导师余文力教授,正是在余教授的带领下,作者才逐渐进入锕系材料的理论研究领域。此外,还要感谢西安交通大学李如松研究员、山东大学高宁教授的指导,感谢牛莉博、杭贵云、王飞、瞿鑫、秦铭澳、岳金龙、熊庆等人在本书撰写过程中付出的辛勤工作。

由于作者水平有限,对铀材料的研究尚有不足之处,且当前铀材料研究发展迅速,科学内涵不断拓展,研究方法不断升级,本书中的部分观点和结论有待商榷,存在不妥和错误之处在所难免,恳请读者批评指正。

王金涛

2023 年 6 月

于古城西安

目　　录

第1篇 铀材料表面吸附研究现状

    1789 年,德国化学家 Klaproth 首先认识到沥青铀矿含有一种未知的元素,以天王星(Uranus)将其命名为铀(Uranium)。直到 1841 年,法国化学家 Peligot 首次分离出铀并予以确认。自此,铀作为第一个被发现的放射性元素正式登上人类历史舞台,并逐渐成为近代自然科学中不可忽视的重要角色。

第 1 章 绪 论

1.1 铀材料研究背景

  铀金属是一种性能优异的核材料,在民用和国防领域有重要应用。在长期贮存过程中,铀部件容易发生腐蚀,引起材料老化。铀部件内部的腐蚀会破坏铀的结构,影响其力学性能,降低其在高温高压环境下工作的可靠性。铀部件表面的腐蚀会在表面产生氧化粉末,严重的会形成氧化腐蚀坑,破坏铀部件的表面结构,因此在对表面几何构型要求高的应用领域,表面腐蚀可能严重影响铀部件的性能。此外,如果铀部件表面的氧化物粉末受到外力扰动而悬浮于空气中,会形成放射性尘埃,造成环境污染,对相关人员的健康造成危害。

  在铀金属部件的生产、使用、贮存、退役处理的全寿命过程中,其表面不可避免地与环境中的 O_2、H_2O 等气体发生接触,造成氧化、氢化腐蚀。即使在去除氧气的、密封干燥的、稀有气体保护的贮存环境中,金属铀仍会与其中的微量 O_2 和 H_2O 发生反应,经过长期演化、积累,造成严重腐蚀。美国阿贡国家实验室报道了一起长期贮存铀金属部件的自燃事件,调查结果表明,自燃的原因是铀金属腐蚀产生的铀的氢化物接触到空气,发生剧烈的放热化学反应。由于在金属铀材料实际运用中遇到了许多腐蚀问题,对其腐蚀机理的研究具有重要的理论和现实意义,因此铀金属的腐蚀机理研究受到研究人员的关注。

  铀的一种重要氧化物二氧化铀(UO_2)是核能和核工业领域中的重要核材料,其具有高辐射稳定性、高相稳定性和高熔点等优良特性,成为当今裂变核反应堆广泛使用的核材料之一。在贮存环境中,UO_2 表面不可避免地和 H_2O、O_2 接触,发生化学反应,最终被氧化成 U_3O_8。该相变过程伴随着物理性质的明显改变,比如其体积会膨胀 35%。由于该膨胀效应,铀金属表面因氧化形成的 UO_2 薄膜会产生应力,导致 UO_2 薄膜破裂脱落,失去对内部未被氧化的铀金属的保护作用,使铀金属的腐蚀不断向内部进行。此外,UO_2 与 H_2O 的相互作用会产生危险气体 H_2,给贮存带来安全问题。

  铀金属和 UO_2 的完整腐蚀过程是一个复杂的多尺度过程。从空间尺度来说,铀金属和 UO_2 在空气中腐蚀的初始阶段是 O_2 和 H_2O 等分子在其表面发生吸附、解离,对表面产生腐蚀,并向内部扩散,与内部的原子相互作用,形成腐蚀物形核,然后腐蚀物形核不断地生长和演化,最终形成宏观的腐蚀现象。整个腐蚀过程跨越了微观、介观和宏观尺度。从时间尺度来说,初始的表面吸附、扩散过程是在皮秒、纳秒量级的时间内完成的,而长期贮存的时间是以年为单位计算的,整个过程跨越十几个数量级。从研究的理论手段来说,在宏观尺度上,可以用经典理论进行研究;而在微观尺度的原子、分子层面,则需要考虑量子效应。

铀的合金化成为提高其抗腐蚀性能的重要途径,例如,加入一定量的 Zr、Ti、Nb、Hf、Mo 等元素,能够不同程度地提高其抗腐蚀性能。在众多合金类型中,U-Nb 合金的性能表现较为突出,不仅在提高抗腐蚀性能的同时保持了较高的密度(有的合金形式密度降低明显),而且具有良好的机械塑性和加工性能,在核工程和国防工程中得到了广泛应用。然而,铀铌合金仍是一种较为活泼的材料,在贮存条件下,周围环境气氛中的 H_2、O_2、$H_2O(g)$ 等分子能够在其表面发生吸附,由于这些分子非常活泼,会在表面发生氧化反应和氢化反应,形成表面腐蚀。表面化学腐蚀随着贮存时间延长不断生长、演化,极大地改变了铀铌合金的表面物理和化学性质,并且在腐蚀层内部成核、发展,形成一系列微小的裂纹,这些微小的裂纹继续扩展,会严重影响铀铌合金的使役性能。众所周知,铀铌合金作为结构材料,在核工程中对其使役性能有着非常苛刻的要求,如果铀铌合金的表面腐蚀严重,则可能带来灾难性的后果。对现有铀铌合金材料部件在贮存过程中进行检查显示,铀铌合金的表面腐蚀问题已经比较突出,但目前对其表面腐蚀的微观机理还不清楚,实际使用中也没有具体有效的抗腐蚀措施。

当前,铀材料的表面腐蚀研究主要以实验手段(如低能电子衍射(LEED)、扫描隧道显微镜(STM)、俄歇电子能谱(AES)和 X 射线光电子能谱(XPS)等)为主。人们试图使用这些手段从各个角度解释和理解表面反应的微观机理和形态,但由于这些实验手段各自的局限性,还不能做到直接从微观层面对物质形态进行观测,主要原因是:(1) 实验仪器的分辨能力有限,只能在一定层面对微观世界进行观测,而不能得到所有的原子和电子信息与相互作用导致的信息变化;(2) 采用这些实验方法对被测物质进行检测时,会向被测物质发射具有一定能量的粒子或射线,这些粒子或射线有可能对被测物质造成影响,甚至会改变所要观测物质的性质,致使观测不到物质的原始状态;(3) 如果被测材料本身具有较强的化学活性,那么在试件制备的过程中,试件的表面会迅速发生化学反应,试件表面状态与研究状态不一致,难以达到实验仪器对试件的要求。理论计算化学的快速发展在越来越广泛的层面上克服了实验手段的缺点,并已经成为表面科学非常重要的研究方法。尤其是计算机软、硬件技术迅猛发展,数值计算的规模和速度不断提升,优秀的计算材料软件层出不穷,计算方法不断更新优化,计算精度不断提升,已经能够在微观、介观层面进行大规模计算分析。在材料科学的理论研究中,对电子结构的理论计算已经成为理解各种微观行为不可或缺的手段。

1.2　表面科学与表面腐蚀

表面科学作为一门不断焕发新活力的经典学科,已经成为各领域的研究重点,特别是固体表面科学的发展为固体物理注入了新活力。20 世纪 20 年代,自 Langmuir 创立近代固体表面化学以来,表面科学已发展成为一门独立的学科,在材料性能、纳米材料、催化剂、环境保护和材料腐蚀防护等众多领域起着愈来愈重要的作用。

物质在客观世界中的存在形式主要是气态、液态和固态,两种或两种以上形态的物质共存时,会形成各类界面,如固-固、固-液、固-气、液-气等,甚至还会形成多相界面。通常将固体的表面定义为固体与气体之间的两相界面。在固体物理学中,固体具有周期性的三维晶体结构,因此固体的表面一般指晶体结构与外部真空之间的过渡区域,主要是晶体结构的最外层原子,三维周期性晶体结构在表面处戛然而止。

固体材料表面的形成原因很多,主要原因是表面解理,即晶体结构在外部作用下发生断裂形成平面。表面解理后,位于表面的原子周围失去了一半的"邻居",打破了原本位于固体内部时的平衡状态,表面原子由于受力不均而发生位移以达到新的平衡状态,即所谓弛豫。表面原子弛豫降低了体系的总能量,并形成了新的表面结构,进而使表面具有独特的物理、化学性质。与体状态下的原子相比,表面原子的不同之处主要体现在:

(1) 表面化学活性的改变和微观缺陷的形成。由于表面原子弛豫,表面原子偏离了原来位于晶格中时的位置,对称性发生了变化,表面发生重构。如硅晶体形成新的表面时,由于表面硅原子配位数减少,出现了剩余的化学键,表面硅原子重新组合、成键后仍不足以达到原有的稳定状态,且化学活性有所提高,因此硅晶体表面的硅原子的化学活性高于晶体内部的硅原子,易于与外部物质发生反应。同时,由于表面的不稳定性,容易形成不同类型的微观缺陷,成为表面的易吸附点和腐蚀发生、发展的源头。

(2) 表面原子的电子状态发生改变。由于表面原子重构,形成了新的电子结构形式,因此表面电子态成为表面研究中的重点内容。表面电子态的特殊性主要表现在表面化学键的形成过程中,特别是表面吸附、催化等过程。固体表面电子态的变化和性质是表面物理和化学性质的根本原因。

(3) 表面原子的扩散和迁徙。表面原子与固体内部的原子相比,需要克服的能量势垒较低,更容易在表面运动,而表面原子的运动又会引起表面结构的变化和原子的重新排布。例如,固体内部的掺杂元素会在表面发生偏析富集,出现局部区域的化学组成的改变,改变表面层的性质。

由于固体表面物理和化学性质所表现出的特殊性,在表面科学中,研究者更关心表面原子在各种条件下的行为,从电子尺度和原子尺度对固体表面进行深入的研究。表面科学的发展不仅推动了固体物理学的进一步深化扩展,而且催生了一些新学科,如凝聚态物理、纳米材料等。

表面科学对工业应用的帮助也非常显著,在表面处理、表面防护等方面衍生出众多的先进技术,极大地减少了表面反应造成的损失,特别是表面抗腐蚀技术的研究工作,为国民经济发展做出了突出的贡献。

金属表面腐蚀(corrosion)是指金属材料在周围环境的作用下发生化学和电化学作用,导致变质、退化和损坏。金属材料的表面腐蚀对经济发展造成的不必要的损失占 GDP 达 $2\% \sim 4\%$,可见,金属的腐蚀问题十分普遍且相当严重,研究表面腐蚀问题已成为一项非常紧迫的任务。为了寻找和掌握防止腐蚀的技术措施,必须从研究金属表面腐蚀发生的微观机理开始。

金属的表面腐蚀类型多样,从不同角度有不同的分类方法。通常,按表面腐蚀机理的不同划分为电化学腐蚀和化学腐蚀。在金属表面发生腐蚀的过程中,如果有电流产生,则称为电化学腐蚀,这种类型的表面腐蚀一般发生于金属表面与溶液接触时的情形。金属表面与周围环境中的分子直接发生化学反应而形成的表面腐蚀称为化学腐蚀,这一过程与电化学腐蚀相比最大的区别是没有电流的产生。

腐蚀是非常常见的现象,且能够发生于各类材料的表面。金属腐蚀的过程伴随有复杂的化学反应或电化学反应,在腐蚀的不同阶段,腐蚀机理也有所不同,且过程中往往有多种介质组分参与腐蚀,组分反应的先后顺序不同,组分之间相互影响,或延缓腐蚀的加剧,或使腐蚀加速恶化。对腐蚀问题的研究必须从源头开始,把复杂系统化整为零,从反应机理上研究金属的表面腐蚀,只有这样,才能从根本上掌握发生腐蚀的起因及影响因素,探寻防腐蚀的方法途径。

1.3　铀材料基本性质

进入核能时代以来,铀一直是最重要的核原料。铀是人们在自然界中能够大量找到的原子量最大的化学元素,其密度为 18.932 g/cm^3,熔点为 1133 ℃,原子序数为 92,价电子排布为 $5f^3 6d^1 7s^2$。在不同的温度下,固态铀呈不同的相结构,即同素异晶体 α、β 和 γ,主要结构参数见表 1.1。温度低于 688 ℃时,铀呈 α 相,底心正交结构,晶胞中有 4 个铀原子,如图 1.1(a)所示;在 688~775 ℃的温度范围内,铀呈 β 相,体心正交(bct)结构,结构形式比较复杂,晶胞中有 30 个铀原子,图 1.1(b)仅显示了体心正交部分结构;在 775~1133 ℃的温度范围内,铀呈 γ 相,体心立方(bcc)结构,晶胞中有 2 个铀原子,如图 1.1(c)所示。

表 1.1　铀的同素异晶体的物理参数

相	温度范围/℃	晶体结构	晶胞中原子数量	晶格常数/Å	空间群	理论密度/(g/cm³)
α	<688	底心正交	4	$a = 2.8536$ $b = 5.8698$(25 ℃) $c = 4.9555$	Cmcm	19.04
β	688~775	体心正交	30	$a = 10.759$ $c = 5.656$ (720 ℃)	P4₂/mnm	18.10
γ	755~1133	体心立方	2	$a = 3.524$(805 ℃)	Im3m	18.05

在常温常压下,正交结构的 α 相铀由于显著的各向异性,力学性质复杂,尽管具有最大的密度,但抗腐蚀性能最差,而且机械性能不佳,脆性比较高,不易加工成型,应用范围严重受限。α 相铀处于空气中会迅速与氢气、氧气及水汽发生表面反应,表面颜色变暗。

β 相铀作为高温和常温之间的一种过渡相,晶体结构非常复杂,其力学性质同样非常复杂,脆性是三种相中最高的,实际应用非常少。

高温下的 γ 相铀除了密度偏低外,各方面性能均比较令人满意,例如晶体结构的对称性好,具有良好的塑性,便于加工成各种形状的部件,最为重要的是抗腐蚀性能也比较好,是实际应用中理想的状态。

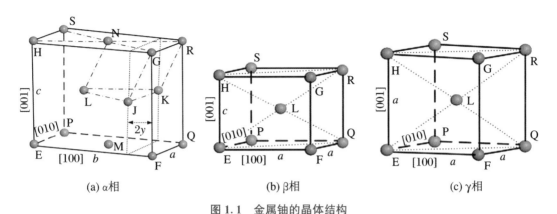

(a) α相　　　　　(b) β相　　　　　(c) γ相

图 1.1　金属铀的晶体结构

小球代表 U 原子,空间方位用 Miller 指数表示。a、b、c 和 y 为晶格常数,大写英文字母表示不同位置的 U 原子。

因此,众多研究者尝试使用各种手段使金属铀在室温下能够保持 γ 相。但是,实验证明,无论采用何种热处理方法,即便在 6000 ℃/s 的冷却速率下,从高温降至室温的过程中,金属铀仍会发生相变,变成 α 相。

在大气环境中,铀极易与空气中的 O_2 和 H_2O 发生反应。即使在含有微量 H_2O 的气氛中,铀也会与 H_2O 发生氧化还原反应,生成铀的氢化物。铀的氧化物种类较多,其中稳定的氧化物有 UO_2、U_4O_9、U_3O_8 和 UO_3。铀的氢化物也有多种,实验上发现的有 UH、UH_2、UH_3、UH_4、U_2H_2 和 U_2H_4 等,其中 UH_3 与 O_2 的反应焓变为 $-1386\ \text{kJ/mol}$,反应放出的热量很大,且反应速率很快,甚至出现宏观上的自燃现象。

UO_2 在室温下的密度为 $10.96\ \text{g/cm}^3$,熔点高达 2700 ℃。UO_2 是面心立方晶体,空间群代号为 225-Fm3m,U 原子位于 $(0,0,0)$ 处,O 原子位于 $(0.25,0.25,0.25)$ 处,晶格常数为 5.465 Å。UO_2 的带隙与硅相近,呈现出半导体特性。UO_2 中的铀元素并不是最高的氧化态,接触到 O_2、过氧化物等强氧化性物质时,会被氧化到更高的价态,此外 UO_2 也会与 H_2O 这种弱氧化性物质发生化学反应,形成超化学计量的铀的氧化物。

经过不断研究,人们发现通过合金化手段可以较好地改善金属铀的机械性能和抗腐蚀性能。在铀中加入一定量的某种合金元素,辅以热处理手段,可将 755～1133 ℃下的 γ 相部分甚至全部稳定到室温。冷却后的合金相较为复杂,既有平衡相,也有介稳定过渡相。将室温下的合金相通过其他机械加工方式改变相组分或相结构,就能够使其性能达到稳定并满足预期要求。研究表明,几乎所有金属元素在 α 相和 β 相铀中均难以溶解,但大部分过渡金属元素在 γ 相铀中却能够很好地互溶。因此,在 γ 相铀中添加溶解性好的元素成为铀合金化的重要内容。影响元素溶解性的因素是复杂的,一般有利因素分为两个方面:一是具有与 γ 相铀相同的晶体结构(体心立方),二是原子尺寸差别在 Hume-Rothery 定则要求 $(|(R_U-R_X)/R_U|\leqslant 15\%)$ 范围内。同时具备这两种有利因素的元素较多,如 Zr、Ti、Nb、Pu、Hf、Mo 等,它们都能够大量溶解于 γ 相铀中。

　　二战结束后,随着主要大国(主要以美国为主)对核武器加紧进行研究,铀材料得到了进一步重视和研究。纵观半个多世纪的研究历程,研究内容涉及方方面面,主要是铀合金的相变、金相结构与力学性能等。经过 20 年左右的时间,研究成果非常丰硕。这期间值得注意的是,Jackson 和 Burke 分别在 1974 年和 1976 年对铀合金的研究现状和相关文献进行了总结、整理,内容极为丰富,涉及铀合金的冶炼制备、机械性能等诸多方面。

　　我国进入改革开放时期后,才陆续开展对铀材料的研究工作,但研究进度已远远落后于西方发达国家。进入新世纪以来,对铀铌合金的研究工作逐渐深入,铀铌合金的力学性能已基本掌握,并在实际应用中取得了重要进展。

　　铌为过渡元素,在元素周期表中位于第 5 周期、ⅤB 族,原子序数为 41,密度为 8.57 g/cm³,熔点为 2468 ℃。铌原子外层价电子排布为 $4d^45s^1$,形成化合物时的常见价态有 +2、+3 和 +5。在合金钢材中,铌是非常重要的合金元素,能够提高钢的抗氧化性和热强性,在不锈钢中能够防止和减轻晶界腐蚀和应力腐蚀。在新型材料领域,铌及其氧化物具有重要地位,在诸如表面催化、高温材料等技术领域有重要应用。铌的优良特性源自其表面结构及表面反应,尤其是表面氧化反应,因此研究者对铌的表面氧化机理开展了深入研究。

　　图 1.2 是 U-Nb 合金系相图,400 ℃以上部分为平衡相图,以下部分为富铀区非平衡相图。在平衡相区域,最显著的特征是 γ 相铀与铌元素能够完全互溶,不存在中间化合物。在非平衡相区域,相结构主要取决于含铌量和环境温度,并形成不同的过渡相和亚稳定相。

　　平衡相区的晶体结构和含铌量见表 1.2。

表 1.2　铀铌合金平衡相区域主要特征

相	最大含铌量	晶体结构
α 相	0.45%(wt)(1.15%(at))	正交结构
β 相	0.65%(wt)(1.65%(at))	正方结构
γ₁ 相	6.2%(wt)(14.5%(at))	体心立方结构
γ₂ 相	~54%(wt)(~77%(at))	体心立方结构

　　特别需要指出的是,随着含铌量的不断降低,相结构越来越复杂,而且即使在含铌量不变时,通过不同的温度调节方案,获得的相结构也不同。例如,低温 α + γ₂ 相加热至高温,一开始并不能得到 γ₂ 相,需要经过长时间高温保持后才能得到。在出现复合相的区域,不同的冷却速率也会导致复合相中相比例的变化。由此可见,铀铌合金的相变过程非常复杂

　　对于富铀的 U-Nb 合金,从 γ 相温区淬火至 α + γ₂ 相区,随着含铌量和环境温度的不同,形成各种过渡相和亚稳定的 γ 相:

　　铌含量为 ~9.5%(at)(~3.94%(wt))时,常温下呈 α' 相,晶胞为正交结构,晶格常数 b 随铌含量的增加而减小,温度升高时反之。向 α″相过渡时,晶格常数 b 约为 5.83 Å。

　　铌含量为 ~16%(at)(~6.9%(wt))时,常温下呈 α″相,晶胞为单斜结构,晶格常数 a 与 c 的夹角∠γ 随铌含量的增加而增大,温度升高时亦然。向 γ⁰ 相过渡时,∠γ 大约为 92.8°。

　　铌含量在 ~16%(at)(~6.9%(wt))和 ~21%(at)(~9.4%(wt))之间时,常温下呈 γ⁰ 相,晶胞为正方结构,晶格常数比值 c/a 随铌含量增加而增大,温度升高时亦然。向 α″相过渡时,晶格常数比值 c/a 约为 0.477,向 γ 相过渡时,晶格常数比值 c/a 约为 0.500。

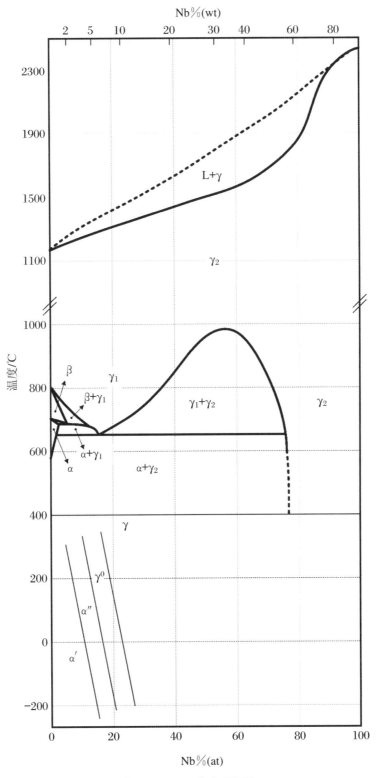

图 1.2 U-Nb 合金系相图

在富铀区,各个相之间具有显著的性能差异。例如,在铌含量偏低的 α' 相和 γ^0 相区,铌元素具有硬化作用;而在铌含量偏高的 α' 和 α'' 相区,铌元素具有软化作用;但在 γ 相区,铌元素对合金硬度的影响不大。

在富铀的含铌合金中, α'' 相的合金强度最低,塑性最好,而硬度不及金属铀的一半,具有良好的机械性能,能够方便地加工成各类形状复杂的零部件,并保持较强的抗腐蚀能力。因此 α'' 相的铀铌合金在工业中被广泛重视和应用,尤其是在替代金属铀的场合,发挥了非常重要的作用。

通过对铀金属进行氧化、合金化等手段,一方面拓宽了铀材料的应用领域,另一方面也提升了铀材料在使用、服役过程中的性能和寿命。由于铀材料本身的放射性所带来的对人员的危害,使得在新型铀材料的研究过程中面临诸多挑战。本书面向铀材料在当前工业领域的现实急需,通过理论研究,为材料研发和工程应用提供理论基础。

第2章 表面吸附行为的理论研究方法

在人类的计算史上,从算盘到计算机,计算能力提升了 10^{10} 倍以上,并保持极快的速度增长。因此,以强大的计算能力为基础,各学科迅速建立起了各自的计算科学,计算材料科学就是其中的重要成员。

计算材料科学的目标是了解材料的各种性质和与材料相关的现象,为社会设计和制造更好的材料。这一目标是通过使用基于物理、数学、化学、材料科学和计算机科学的理论和算法编程的计算机对材料进行建模来实现的。例如,金属或陶瓷的烧结行为通常可以在实验室用普通烧结炉进行研究。然而,它也可以通过在原子尺度上使用分子动力学(MD)在计算机上完成研究。通过改变各种输入条件,只要运行设置正确,就可以高效、准确地生成整个光谱数据。

在许多情况下,计算方法可能成为在实验室永远无法达到的极端恶劣条件(高压、高温、有毒物质或核辐射)下处理材料的唯一方法。例如,核聚变环境下的材料现在备受关注。中子辐照聚变材料中发生的各种损伤可以模拟,而不用昂贵的设备,也不用担心辐射危险。

另一个对我们的日常生活有重大影响的例子就是我们每天都在使用的智能手机、平板电脑、电视、电脑等,这些设备使用的是通常由硅制成的 IC 芯片。利用计算材料科学,我们可以设计更好的材料,开发更快、更小、更轻的 IC 芯片。总之,计算材料科学将毫无疑问地改变材料研究的范式,它将把重型设备的"实验室实验"改为计算机上的"键盘科学"。目前,计算材料科学不仅是一个可选的主题,而且是一个必不可少的主题。因此现在听到科学家们说"先计算,然后实验"或"通过计算设计材料"并不奇怪。

自量子力学建立以来,从地球上的最小角落到太阳的核聚变,这一基本的物理学理论在我们理解宇宙的发展过程中起到了非常重要的作用。量子力学中交织着许多了不起的定理,但其"皇冠上的明珠"无疑是薛定谔方程。只要能够求解出薛定谔方程,就可以理解物质世界运行的根本规律。

然而,对于稍微复杂的体系,直接精确求解薛定谔方程是不可能的,这就需要引入一些近似条件,对其进行简化,从而在一定程度上进行求解,密度泛函理论(density functional theory,DFT)应运而生。

密度泛函理论在化学、物理学、材料科学及其他众多科学领域中得到了高度的重视和广泛的应用,相关第一性原理的计算已经成为材料模拟的一种"标准工具"。目前已经有许多书籍和文献详细介绍 DFT 的基础理论,因此本书并不打算对 DFT 理论进行详细的介绍,仅对本书涉及的 DFT 应用方法做一简要概述。

2.1 理论基础

所有微观体系的研究方法的基础和核心都是量子力学,而量子力学的核心是薛定谔方程(Schrödinger equation):

$$H\psi = E\psi$$

其中 H 为哈密顿算符(Hamiltonian operator),ψ 为哈密顿量的一套本征值解(即波函数)。对于一个量子多体问题,薛定谔方程可写成更完整的形式:

$$\left[-\frac{\hbar^2}{2m}\sum_{i=1}^{N}\nabla_i^2 + \sum_{i=1}^{N}V(\boldsymbol{r}_i) + \sum_{i=1}^{N}\sum_{j<i}U(\boldsymbol{r}_i,\boldsymbol{r}_j)\right]\psi = E\psi \tag{2.1}$$

H 主要包含以下几部分:

① T,即所有粒子的动能;

② V,即粒子与所有其他粒子形成的势场之间的相互作用;

③ U,即所有粒子两两之间的相互作用。

基于以上三部分就能够对体系的总能量进行描述,于是 $H = T + V + U$,通过求解得到 $\psi(\boldsymbol{r}_1,\boldsymbol{r}_2,\cdots)$。此时,针对该问题,通常要解互相关联的微分方程组,但能严格求解的体系很少(众所周知的例子有盒子中的粒子、谐振子等),对于不能得到解析解的体系,只能通过各种近似方法来求解。通常有三个步骤的近似:

① Born-Oppenheimer 近似(即绝热近似);

② 简化薛定谔方程,如 Hartree-Fock 方法、DFT + LDA/GGA + 等;

③ 数值求解薛定谔方程,如原子轨道线性组合法(LCAO)、糕模(muffin-tin)轨道线性组合法(LMTO)、缀加平面波法(APW)等。

2.1.1 从波函数到电子密度——密度泛函理论

量子力学大厦在经过众多天才科学家的不懈努力后已然巍然矗立。简洁而严密的理论体系使人们坚信已经手握打开微观物理世界奥秘之门的钥匙。尤其是对于大部分物理问题和所有化学问题,利用量子力学在理论上都能得到解决,唯一的难点就是求解薛定谔方程。但是,对于大规模多粒子系统,精确求解其薛定谔方程是一件不可能完成的任务。此时,急需一种可行的解决方案,以便在现有条件下得到近似解,于是密度泛函理论登上了历史舞台。

基于 Hohenberg 和 Fermi 的思想框架,密度泛函理论的全部内容都基于两个基本数学定理——H-K 定理,以及一组 K-S 方程。第一个 H-K 定理是:从薛定谔方程得到的基态能量是电荷密度的唯一函数。该定理等价于基态能量 E 可以表达为唯一的泛函形式:$E[\rho(\boldsymbol{r})]$,其中 $\rho(\boldsymbol{r})$ 是电荷密度函数,这也是将这一理论称为密度泛函的原因。这一结论的重要性在于可以通过找到含有三个空间变量的电荷密度函数来求解薛定谔方程,而不用求解含有 $3N$(N 为多体系统的粒子数)个变量的波函数。

尽管第一个 H-K 定理严格证明了存在一个可以用来求解薛定谔方程的电荷密度函数，但该定理并没有给出这个泛函的具体形式。第二个 H-K 定理给出了这一泛函的一个重要特征：使整体泛函最小化的电荷密度就是对应薛定谔方程完全解的真实电荷密度。如果已知这个"真实的"泛函形式，那就能够通过不断调整电荷密度直到由泛函所确定的能量达到最小化，并且找到相应的电荷密度。

将 H-K 定理所描述的泛函写成单电子波函数 $\psi_i(\boldsymbol{r})$ 的形式是一个有益的方法。与空间中某个位置处的电荷密度 $\rho(\boldsymbol{r})$ 密切相关的一个物理量是体系中 N 个电子位于某坐标 $\boldsymbol{r}_1$，$\cdots$，$\boldsymbol{r}_N$ 时的概率值，因此有

$$\rho(\boldsymbol{r}) = 2\sum_i \psi_i^*(\boldsymbol{r})\psi_i(\boldsymbol{r}) \tag{2.2}$$

这些泛函整体上定义了电荷密度 $\rho(\boldsymbol{r})$，能量泛函可以写为

$$E[\{\psi_i\}] = E_{已知}[\{\psi_i\}] + E_{XC}[\{\psi_i\}] \tag{2.3}$$

其中将泛函分开为能够写成简单解析形式的一项 $E_{已知}[\{\psi_i\}]$ 和所有其他部分 $E_{XC}[\{\psi_i\}]$。

"已知"项包含有四方面的贡献，即

$$E_{已知}[\{\psi_i\}] = -\frac{h^2}{m}\sum_i \int \psi_i^* \nabla^2 \psi_i \mathrm{d}^3 r + \int V(\boldsymbol{r})\rho(\boldsymbol{r})\mathrm{d}^3 r$$
$$+ \frac{e^2}{2}\iint \frac{\rho(\boldsymbol{r})\rho(\boldsymbol{r}')}{|\boldsymbol{r}-\boldsymbol{r}'|}\mathrm{d}^3 r \mathrm{d}^3 r' + E_{ion} \tag{2.4}$$

式中右侧依次为电子动能、电子与原子核之间的库仑作用、电子之间的库仑作用和原子核之间的库仑作用。

$E_{XC}[\{\psi_i\}]$ 表示交换关联泛函，包含在 $E_{已知}[\{\psi_i\}]$ 中没有涉及的所有其他量子力学效应。

假设可以采用更好的方式表达尚未确切定义的交换关联泛函，在寻找总能泛函最小能量解的过程中，仅仅依靠两个 H-K 定理与求解薛定谔方程波函数相比，这项工作并没有变得更加容易。

Kohn 和 Sham 提出了一个方程解决了这一难题。

2.1.2　Kohn-Sham 方程

K-S 方程的基本思想是用没有相互作用的粒子模型代替有相互作用的粒子哈密顿量中的相应项，即体系中的电子没有相互作用，但电荷密度与真实情况相同，此时，电子之间复杂的相互作用形式归结到一起，在交换关联泛函中进行定义。由此，求解正确的电荷密度可以表示为求解一组方程，其中每个方程都只与一个电子有关。

K-S 方程的表达式为

$$\left[-\frac{h^2}{m}\nabla^2 + V(\boldsymbol{r}) + V_H(\boldsymbol{r}) + V_{XC}(\boldsymbol{r})\right]\psi_i(\boldsymbol{r}) = \varepsilon_i\psi_i(\boldsymbol{r}) \tag{2.5}$$

该方程与式(2.1)类似，主要区别是 K-S 方程没有加和符号，这是由于 K-S 方程的解只取决于三个空间变量的单电子波函数 $\psi_i(\boldsymbol{r})$。K-S 方程中含有三个势能项：V、V_H 和 V_{XC}。其中 V 表示一个电子与所有原子核之间的相互作用。第二个势能也称为 Hartree 势能，可以写为

$$V_{\mathrm{H}}(\boldsymbol{r}) = e^2 \int \frac{\rho(\boldsymbol{r'})}{|\boldsymbol{r}-\boldsymbol{r'}|} \mathrm{d}^3 \boldsymbol{r'} \tag{2.6}$$

该势能描述的是 K-S 方程所考虑的单个电子与该系统中全部电子所产生的总电荷密度之间的库仑排斥作用。Hartree 势能包含一个所谓自作用（self-interaction）部分，因为 K-S 方程中所描述的那个电子也是总电荷密度的一部分，这在物理上是不存在的，所以在交换作用能中进行修正。

K-S 方程的迭代求解过程简述如下：

① 定义一个初始的、尝试性的电荷密度 $\rho(\boldsymbol{r})$；

② 求解由尝试性的电荷密度所确定的 K-S 方程，得到单电子波函数 $\psi_i(\boldsymbol{r})$；

③ 计算由第 2 步 K-S 单粒子波函数所确定的电荷密度，即

$$\rho_{\mathrm{KS}}(\boldsymbol{r}) = 2 \sum_i \psi_i^*(\boldsymbol{r}) \psi_i(\boldsymbol{r})$$

④ 比较计算得到的电荷密度 $\rho_{\mathrm{KS}}(\boldsymbol{r})$ 和在求解 K-S 方程时所使用的电荷密度 $\rho(\boldsymbol{r})$。如果两个电荷密度相同，则这就是基态电荷密度，并可将其用于计算总能。如果两个电荷密度不同，则用某种方式对尝试性电荷密度进行修正，然后再从第 2 步重新开始，如此反复迭代，直至两个电荷密度相同（准确地说，达到预定的数值精度）。

这一过程通常称为自洽场（self consistent field，SCF）方法。

2.2　密度泛函理论中的近似方法

2.2.1　交换关联泛函

根据 Kohn、Hohenberg 和 Sham 的研究结果，可以通过能量泛函的能量最小化，得到其基态，并且这可由一组单粒子方程的自洽解给出。在这个方法中，只有一个关键难点：求解 K-S 方程时必须给定交换关联泛函 $E_{\mathrm{XC}}[(\psi_i)]$。但正如式（2.3）和式（2.4）描述的那样，确定 $E_{\mathrm{XC}}[(\psi_i)]$ 是非常困难的（在式（2.4）中，已经明确写出了所有"容易的"部分）。若能找出 $E_{\mathrm{XC}}[(\psi_i)]$ 的准确表达形式，便能精确求解 K-S 方程并得到严格的波函数和电子的状态。因此交换关联泛函几乎成为密度泛函理论中唯一的研究重点和难点。

尽管 H-K 定理肯定了交换关联泛函的存在，但到目前为止，我们仍然不知道其真实形式。幸运的是，在对均匀电子气系统进行研究时，获得了该泛函的直接方程式，此时，电荷密度在空间任一点处都是常数。对于真实材料而言，这种模型是没有意义的，因为化学键正是由于电荷密度的变化才得以确定的。但均匀电子气模型给出了实际求解 K-S 方程的可行方法：系统每一个小体积和同体积同密度的均匀电子气对交换关联能具有相同的贡献，可以认为是无限接近于均匀电子气的情况。对于真实系统中的电子，可以近似认为是局部均匀的，基于均匀电子气的性质便能得到非均匀情况下的交换关联泛函。

这一近似实际上仅使用了局域密度来近似确定交换关联泛函，所以称为局域密度近似（local density approximation，LDA）。LDA 虽然非常简单，但能使我们完全确定地写出 K-S

方程,且对于描述一些体系的物理性能,LDA 能给出很好的结果。

　　LDA 之后,应用局域电荷密度和电荷密度上的局域梯度,得到了另一重要的交换关联泛函:广义梯度近似(generalized gradient approximation,GGA)泛函。与 LDA 相比,GGA 包含更多的物理信息(计算结果却并不总是比 LDA 好)。

　　除了上述两种最基本的泛函形式,还有许多更为复杂的交换关联泛函。为了将这些泛函进行有益的对比,John Perdew 给出了一个很有用的分类方法:Jacob 梯子,如图 2.1 所示。梯子高处代表包含了更多物理信息的泛函,且沿着梯子不断向上,就抵达求解薛定谔方程时不用任何近似的"完美"方法。

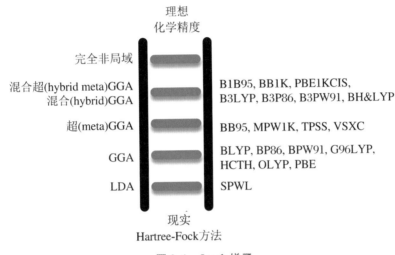

图 2.1　Jacob 梯子

　　迄今为止,全部形式的交换关联泛函都不能精确描述电子之间的所有相互作用。应用某种泛函解决某一具体问题时,所能达到的精度与很多因素有关,例如材料的种类和结构形式等。对于所有研究体系,尚无一种泛函形式能够无往而不利,给出最为准确的结果。可见,当研究者决定对某一体系进行基于密度泛函理论的相关研究时,为了得到高精度的计算结果,必须特别小心地选择合适的泛函形式。

　　对于复杂系统,为了获得令人满意的结果,也可以对密度泛函理论本身进行修改,例如自相互作用修正、含时密度泛函理论(TD-DFT)、密度泛函微扰理论(DFPT)、DFT$+U$ 和动力学平均场(DMFT)等,为解决更为复杂的问题提供了解决方案,相应的商业软件也层出不穷。

2.2.2　赝势平面波方法

　　在进行 DFT 计算时,核心任务是求解 K-S 方程,需要利用基函数展开 K-S 方程中的 $\psi_i(\boldsymbol{r})$ 才能顺利求解 K-S 方程。

　　选取基函数时,应特别注意基函数应当具备的必要条件:

　　(1) 完备性,只有完备的基函数集才能展开任意 $\psi_i(\boldsymbol{r})$;

　　(2) 客观体系主要特征的一致性,如周期性,这样才能尽可能减少基函数的数量;

(3) 较快的收敛速度,以节省计算时间。

常见的选择基函数的方法有:平面波赝势法(PW-PP)、缀加平面波法、格林函数法(KKR)、线性缀加平面波法(LAPW)、糕模轨道线性组合法等。

对于原子中的电子,处于原子外围、对环境敏感并参与化学键形成的电子称为价电子,处于原子内层、对环境不敏感的电子称为芯电子。研究固体材料时,研究者通常关心的是价电子,那么就可以将除价电子以外的芯电子和原子核一并考虑,这样就显著减少了计算中涉及的电子数量。为了分离价电子和芯电子,在 K-S 方程的哈密顿量中需要一个修正的电子-粒子势,即赝势(pseudo-potential,PP)。赝势考虑了芯电子对价电子和原子核相互作用的影响,而且赝势也不是局域的(因为芯电子对体系的影响具有球对称的扩散势),使得该近似非常合理地降低了所考虑问题的复杂性。常用赝势按照其性能可以分为超软赝势(ultra soft pseudo-potentials,USPP)、模守恒赝势(norm-conserving pseudo-potentials,NCPP)和投影缀加波势(projected augmented waves,PAW)。

1994 年由 P. E. Blöchl 提出的 PAW 方法是一种全电子方法。该方法在处理电荷密度时将其进一步分解,$\psi_i(r)$ 由平面波、赝波函数与各原子和赝原子的轨道展开三部分组合而成。这样做有两个好处:一是平面波能够很好地描述化学键及远处波函数,二是原子轨道特别有利于描述靠近原子核区域的波函数。波函数的三个部分各有优点,互为补充。应用 PAW 方法可以在提高精度的同时减少计算量,并且非常适用于计算过渡金属、镧系和锕系金属。

平面波本质上是描述均匀电子气的本征函数。对于固体,尤其是具有晶体结构的金属而言,外围价电子具有很强的离域特性和周期性特点,而平面波函数同样具有周期性的特点,所以对于固体而言,选择平面波基组可以很好地对电子状态进行描述,同时基组的数量也可以得到有效控制。

平面波方法与赝势结合,能够很好地用于固体及其表面问题的计算,同时使计算量显著减少。

2.2.3　超原胞方法

固体的晶体结构由晶胞来描述,包括晶格矢量和晶胞内原子的位置坐标。基于此,引入周期性边界条件,构成了能够准确描述实际情形的计算模型,称为超晶胞方法(super cell)。

对于晶体的表面,应用超晶胞方法时,需在晶胞表面的法向引入有限厚度的真空层,称为板块模型(slab model),如图 2.2 所示。由于沿表面法向仍具有周期性边界条件,因此真空层的厚度必须足够大,以使材料的电荷密度在真空区逐渐消失为零,才能使得相邻板块的表面之间没有实质的相互作用。

通常而言,板块原子的层数越多越好,但出于对计算量的考虑,必须使用尽可能少的层数,如同真空层厚度一样。板块模型的原子层数是否合适并达到足够收敛精度取决于所研究材料的物质属性和所需计算的内容。一般做法是:计算并观察某些特性(表面能或吸附能)随着板块原子层数和真空层厚度的增加是如何变化的。在最终选定板块原子层数和真空层厚度时,往往在计算成本和物理精度之间取得折中和平衡。

计算表面吸附问题时,需要在板块的表面放置被吸附的原子或分子。选择放置位置时,通常考虑表面的高对称点,如顶位(top)、桥位(bridge)、三重洞位(或称空位,hollow)、四重洞位等。对于被吸附的分子,需要考虑其分子结构的对称性,从不同角度进行摆放。对各种初始吸附构型分别进行计算,继而进行比较,才能确定被吸附分子最稳定的吸附形式。

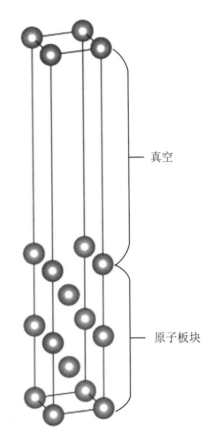

真空

原子板块

图 2.2　具有周期性边界条件的超胞定义固体材料表面模型

超胞方法在准确描述模型的同时具有最少的原子总数,从而有效降低计算体系的规模,大幅减少计算耗费的时间。因此超胞方法成为处理周期性问题的通用方法而被广泛使用。

2.2.4　过渡态搜索方法

过渡态是指体系在化学反应过程中出现的中间形态,是反应物向生成物转化的过渡状态,故称过渡态。从势能面角度来描述,反应物与生成物之间通过最小能量路径相连接,最小能量路径中能量最大的点即是过渡态。过渡态理论在化学反应中具有举足轻重的作用,它直接刻画了反应机理。通过计算反应物与过渡态之间的能量势垒,可以进一步求得反应速率。

过渡态在势能面上的位置点最大的特征是鞍点,因此过渡态的振动频率中有且仅有一个虚频。在通常情况下,对于绝大多数化学反应,过渡态结构只能在非常短促的时间段内出现,一般是飞秒量级,因此在实验室中极难观测到过渡态的结构。理论计算方法为研究者开辟了研究过渡态结构的全新天地。目前,各类过渡态结构的搜索算法层出不穷,针对不同的具体问题,结合密度泛函理论、从头算等方法,一般有不同类型的搜索算法,见表2.1。

表 2.1　常用的过渡态搜索方法

分类方法	主要计算方法
基于初猜结构的算法	梯度模优化方法(gradient norm minimization) AH 方法(augmented Hessian) GDIIS 法(geometry direct inversion in the iterative subspace) 牛顿-拉弗森法(Newton-Raphson)与准牛顿法(quasi-Newton) Dimer 方法
基于反应物与产物结构的算法	DHS 方法(Dewar-Healy-Stewart)与 LTP 方法(line-then-plane) CI-NEB、ANEBA 方法 赝坐标法(pseudo reaction coordinate) STQN 方法(combined synchronous transit and quasi-Newton methods) Ridge 方法 同步转变方法(synchronous transit,ST) Müller-Brown 方法 step-and-slide 方法
基于反应物结构的算法	ARTN 法(activation-relaxation technique nouveau) 等势面搜索法(isopotenial searching) 梯度极值法(gradient extremal,GE) 本征向量/本征值跟踪法(eigenvector/eigenvalue following,EF) 约化梯度跟踪法(reduced gradient following,RGF) 最缓上升法(least steep ascent,shallowest ascent) 球形优化法(sphere optimization)
全势能面扫描	通过计算确定整个势能面精确定位过渡态结构

但过渡态算法并不一定能够准确给出真实的过渡态结构,这与反应体系所处的客观条件和反应过程已知信息的多少有很大关系。有的反应过程会经历多个过渡态结构,或者不清楚生成物的具体结构等,这都为确定过渡态结构和计算最小能量路径带来巨大的困难。因此,当进行过渡态搜索计算时,需要做大量的前期研究工作,对反应物的性质进行充分的分析,尽可能找到生成物的结构,这对得到正确的过渡态结构至关重要。

在固体表面问题中,最常用的过渡态搜索算法是 NEB(nudged elastic band)方法。NEB 方法基于状态链(chain-of-states)方法并对其进行修正,由 Hannes Jónsson 及其合作者提出。状态链方法计算的目的就是在两个极小值之间确定最小能量路径 MEP。

在图 2.3 中,8 个构型分为两组:0 和 7 位于极小值点上,原子受力为 0;对于其他构型,原子受到的力都是非零的。最小能量路径可以用状态链上所有构型的力来定义:当状态链路径上任一构型的力的方向都与该路径完全一致时,该路径就是 MEP,即当 0~7 连接而成的路径经过不断计算优化、最终与图中实曲线重合时,NEB 方法结束并找到了 MEP。

NEB 方法的主要特点是:

① NEB 方法计算的目的是确定一系列原子坐标(构型,也即图像),从而在势能面上定义连接两个极小值的 MEP。

② NEB 方法通过使用力的投影方法找到 MEP,在该投影方法中,真实力(势能引发)垂直于该微动弹性带,而弹簧力平行于该微动弹性带。

③ NEB 方法是一个迭代最小化方法,因此需要一个 MEP 的初始估计值。初始估计值和真实 MEP 之间的接近程度直接影响 NEB 计算的收敛速度。

④ 在表示两个极小值之间的路径时,所使用的图像数量越多,就能给出 MEP 越精确的描述,但同时也会使计算成本增加。

⑤ 在 NEB 方法计算的每一个迭代过程中,都必须对每一个图像进行一次 DFT 计算(除了位于能量极小点处的两个端点)。

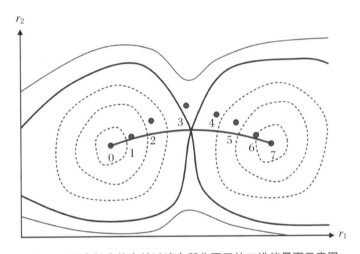

图 2.3　两个极小值点被过渡态所分隔开的二维能量面示意图

在基本 NEB 方法基础上,一个特别有用的改进思路是攀升图像微动弹性带方法(climbing image nudged elastic band method,CI-NEB),能够在计算收敛后精确地得到位于过渡态的图像构型。本书所使用 CI-NEB 方法的实现代码由冰岛大学 Hannes Jónsson 教授和美国得克萨斯州立大学奥斯汀分校 G. Henkelman 教授所在课题组开发编写,并融合到 VASP 软件中,其网站所提供的例子(图 2.4)显示,使用 CI-NEB 方法能够精确找到鞍点,即过渡态。

2.3　第一性原理计算软件

经过近几十年的快速发展,第一性原理计算软件如雨后春笋般不断涌现,其中不乏优秀的代表。在计算化学领域,大部分计算软件都是开源的,这无疑为这类软件的开发和应用注入了强大的活力,也有一部分商业软件为研究者提供了成熟可靠的计算方案。

能够通过合法途径得到的第一性原理计算软件不下百种,应用最为广泛的是 VASP、CP2K、ABINIT、QUANTUM-ESPRESSO、Gaussian、WIEN2k、SIESTA、CPMD、MS/CASTEP 等。这些软件各有所长,在不同领域展现了令人欣喜的计算分析能力,例如,Gaussian 对小分子体系的计算具有无可比拟的优势,WIEN2k 在固体晶体领域的计算精度已经成为评判其他软件的标杆,而 VASP 以其快速而精确的计算能力成为计算材料领域最具说服力的商业软件。

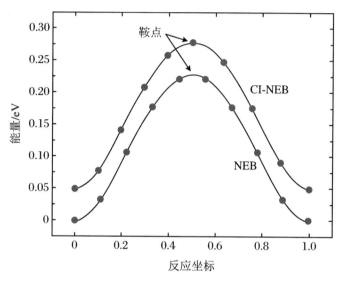

图 2.4　NEB 与 CI-NEB 方法的比较[146]

VASP(Vienna *ab-initio* simulation package)是维也纳大学 Hafner 小组使用 fortran 语言开发的。VASP 采用 PAW 方法或超软赝势,加上可能是目前最快的矩阵元对角化的迭代方案 RMM-DISS 和 Blocked-Davidson,在获得可靠的计算结果的前提下能够有效提高计算效率。VASP 的代码能够在几乎所有计算平台上使用主流编译器进行编译,运行效率很高,同时能够尽可能地节省内存。VASP 稳定的收敛算法和强大的分析手段使其能够在周期性体系软件中脱颖而出,是研究者公认的计算结果精度高、可靠性好的计算化学软件。

CP2K 软件改进了基于赝势的混合高斯波与 GPW 方法,同时仍然可执行纯平面波/高斯计算。其特点包括以下几点:(1) 执行 QUICKSTEP 模块从头算电子结构理论方法;(2) 第一性原理分子动力学;(3) 混合量子-经典(QM/MM)模拟。CP2K 是原子模拟的强大工具,旨在提供广泛的模型和模拟方法,适用于大型和凝聚相系统,并能够利用最先进的计算机硬件。CP2K 在基于密度泛函理论的分子动力学(MD)模拟领域具有重大影响,特别是它能够相对轻松地描述包含数百个原子的系统的动力学,具有非常强大的功能。

第2篇　铀金属表面吸附行为

　　铀广泛分布于地球中,但由于它的不稳定性和变价性,总是以化合物形式存在,为获取铀金属带来了巨大的挑战。近年来,我国科学家发现,在地球深部的热液型铀矿床中,存在着金属态或低价态的铀,这一重大发现对铀矿开采具有重要意义。由于铀金属的强烈化学活性,表面腐蚀问题成为实际工程应用中的重要不利因素。本篇从电子和原子层面探究铀金属表面腐蚀初期的微观机理,为分析铀材料的腐蚀规律和探索抑制腐蚀方法奠定基础。

第 3 章　O₂ 和 H₂O 在 α-U 表面的共吸附

金属铀具有活泼的化学性质,极易被氧化性气体氧化,造成铀金属部件的腐蚀。在环境中,O_2 和 H_2O 是两种最为常见、含量相对最高的氧化性气体,是造成铀金属部件在贮存过程中被氧化腐蚀的重要原因。纯净的铀金属是银白色的,当其暴露于空气中后,会迅速被 O_2 和 H_2O 氧化,在表面形成一层黑色的氧化物。表面的氧化会破坏表面原有的几何构型,在对铀金属部件表面几何构型要求高的工作条件下,甚至会导致整个铀金属部件报废。此外,氧化物以粉末状覆于铀金属的表面,在受到外力扰动作用下会漂浮于空气中,严重污染环境,对相关操作人员造成危害。从科学研究的角度来说,铀金属的表面腐蚀是金属铀完整腐蚀过程的初始阶段。在该阶段,氧化性气体 H_2O、O_2 等在铀金属表面吸附、解离,解离后的原子在表面迁移、向内表层扩散,形成氧化层。然后扩散继续向内部进行,氧化内部的 U 原子,使腐蚀向内部推进。因此对铀金属表面腐蚀行为进行研究不仅是为了揭示其机理,还可为研究铀金属腐蚀的后续过程奠定基础。

在实验研究方面,随着表面分析技术手段的进步,腐蚀气体与铀金属表面的相互作用得到了精确表征。1.3.1 小节综述了铀金属表面在多种不同的单组分氧化性气氛下的氧化腐蚀行为的实验研究成果。但是,在铀金属部件的实际工作、贮存环境中,铀金属的腐蚀通常是多种氧化性气体共同作用的结果。这方面的实验研究较少,而且已有的实验研究是从反应动力学角度进行的,并不能揭示该腐蚀过程的相互作用机理。

在理论研究方面,基于密度泛函理论的第一性原理计算是一种被广泛运用的方法。氧化性气体与铀金属表面的相互作用本质上是 U 原子与氧化性气体分子的相互作用,因此多年来,U 原子与氧化性气体分子的相互作用得到了研究,这些研究有助于揭示氧化性气体分子与 U 原子相互作用的机理。氧化性气体腐蚀铀金属表面过程的第一步是在表面发生吸附,然后解离和扩散。在过去的几十年中,氧化性气体在铀金属表面的吸附、解离和扩散行为得到了深入细致的研究。这些研究成果为揭示铀金属表面腐蚀机理提供了许多很有参考价值的结果和结论。

对于 O_2 和 H_2O 氧化腐蚀铀金属表面,虽然已有大量的研究工作报道,但是这些研究关注的都是单独的 O_2 分子和 H_2O 分子在铀金属表面的吸附,并没有对 O_2 分子和 H_2O 分子在铀金属表面共吸附行为进行研究。考虑到铀金属部件的实际腐蚀情况,本章运用第一性原理方法,对 O_2 分子和 H_2O 分子在铀金属表面的共吸附过程进行研究计算,以期在理论层面理解铀金属在 O_2 和 H_2O 共同作用下初期的表面腐蚀行为。

3.1　计算方法和模型

铀金属具有 α 相、β 相和 γ 相三种不同的晶体结构。在常温常压下,铀金属以 α 相的晶体结构存在,即使加压到 100 GPa,仍保持 α 相结构,所以实际运用的铀金属是 α 相的铀,因此本书以 α-U 为研究对象。α-U 晶体属于正交晶系的底心正交结构,空间群代号为 63-Cmcm。实验测定的 α-U 的晶格常数为 $a = 2.844$ Å,$b = 5.869$ Å,$c = 4.932$ Å。α-U 单胞中含有 4 个 U 原子,U 原子的分数坐标为$(0, \pm 0.102, \pm 0.25)$,其单胞模型如图 3.1 所示。

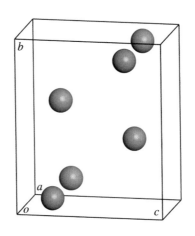

图 3.1　α-U 单胞

本章所有基于第一性原理的电子结构计算均由 VASP 软件完成。核外价电子的波函数用投影缀加平面波基组展开。赝势采用超软赝势,因为其降低了对截断能的要求,较低的截断能也能得到很好的收敛结果。本书以 20 eV 为步长,在 400～600 eV 范围内对截断能进行了收敛性测试,结果表明体系总能的收敛精度小于 0.5 meV,在本章后面的所有计算中,截断能设置为 500 eV。交换关联泛函的选取对第一性原理计算至关重要。在本章中,交换关联泛函用广义梯度近似框架下的 Perdew-Burke-Ernzerhof(PBE)近似处理。赝势方法将内层电子和原子核当做“芯”来处理,用一个等效势场进行代替,只计算外层价电子的波函数。对于外层价电子,U 原子共 14 个($6s^2 6p^6 7s^2 5f^3 6d^1$),O 原子为 6 个($2s^2 2p^4$),H 原子为 1 个($1s^1$)。电子的轨道占据采用二阶 Methfessel-Paxton 方法进行计算,一般认为该方法能够更加准确地计算金属体系。电子自洽计算的收敛精度设置为 1.0×10^{-5} eV,体系离子弛豫以力为收敛判据,当体系的残余应力小于 1.0×10^{-3} eV/Å 时,认为体系达到平衡态。布里渊区积分 k 点网格采用 Monkhorst-Pack 方法生成,对于 α-U 晶胞的优化,k 点采用 $7 \times 7 \times 7$ 网格;对于表面切片模型及吸附体系的计算,k 点网格采用 $3 \times 5 \times 1$。在 VASP 软件中,离子弛豫的共轭梯度(conjugate gradient,CG)算法采用的是 Brent 数值求解法。当所计算体系很接近平衡状态时,由于前后离子步之间差值很小,VASP 无法插入设置精度内的数值,导致计算无法收敛。为避免这种情况,在对 α-U 进行结构优化时,选取准牛顿算法 (quasi-Newton)。准牛顿算法对于接近基态的体系能够高效快速地收敛,但是当初始体系远离体系基态时,该算法收敛很慢,因此在优化吸附体系时,采用 CG 算法,该算法能够在较大范围的空间尺度上快速收敛到体系基态。

铀属于锕系元素,外层未填满的 5f 价电子具有较强的关联效应,传统的 DFT 理论低估了局域化 5f 电子间的在位库仑排斥作用,导致基于电子结构的计算结果不能很好地符合实验结果。DFT + U 方法通过增加一个在位库仑排斥项,改善了对 U 5f 电子的行为的描述,已被大量运用到强关联体系的研究。本书采用 Dudarev 等提出的简化 DFT + U 方法,体系的哈密顿量可以表示为

$$E_{\text{LSDA+U}} = E_{\text{LSDA}} + \frac{U - J}{2} \sum_{\sigma} \left[\text{Tr}\, \rho^{\sigma} - \text{Tr}\, (\rho^{\sigma} \rho^{\sigma}) \right] \tag{3.1}$$

其中 U 表示 5f 电子间的在位库仑排斥作用;J 表示交换能;σ 表示在指定方向上的自旋的投影;ρ 是电子的密度矩阵。

在研究 α-U 的表面性质和表面吸附行为时,建立含有 6 层原子的切片(slab)晶胞模型。在 z 方向上设置厚度为 15 Å 的真空层来隔开周期性排列的切片晶胞,通过较大的真空层厚度来最大程度降低沿表面法线方向(即 z 方向)无限扩展的切片晶胞造成的本质上同一位置的表面原子的相互作用,从而更加合理地表征 α-U 真实的表面结构。在弛豫表面切片晶胞和吸附体系时,固定底部 4 层原子,对最表面 2 层原子和吸附分子、原子在 x、y、z 三个自由度上进行弛豫。

表面能是固体物理中的一个重要概念,其最严谨科学的定义是可逆地增加物质的表面积时外界所需要做的非体积功。固体表面原子的能量要比体相原子高,因为如果表面原子的能量比体相原子低,那么体相原子会向表面运动,在表面产生一个破坏力,破坏表面的存在,因此表面能也可以理解为表面原子相比体相原子多出的能量。根据表面能的定义,在第一性原理中,固体的表面能可以这样进行计算:切片晶胞总能减去相同数量体相原子的能量,然后除以切片晶胞的上下总表面积,即

$$E_{\text{sur}} = (E_{\text{切片}} - N E_{\text{体}})/2A \tag{3.2}$$

上式中 E_{sur} 代表表面体系的表面能,$E_{\text{切片}}$ 是切片晶胞的总能,N 是切片晶胞中的总原子数,$E_{\text{体}}$ 是体相原子的能量,A 是切片晶胞上下底面的面积。

吸附能 E_{ads} 定义为吸附前后稳定体系总能的变化量:

$$E_{\text{ads}} = E_{\text{sor}} + E_{\alpha\text{-U(sur)}} - E_{\alpha\text{-U(sur)/sor}} \tag{3.3}$$

其中 E_{sor}、$E_{\alpha\text{-U(sur)}}$ 和 $E_{\alpha\text{-U(sur)/sor}}$ 分别表示吸附分子的总能、完整 α-U 表面的总能和稳定吸附体系的总能。E_{ads} 从能量角度刻画了吸附的稳定性和可能性,只有当 E_{ads} 为正值时,吸附才是稳定的。

3.2　结果和讨论

3.2.1　DFT + U

由式(3.1)可以看出,在 Dudarev 等提出的简化 DFT + U 方法中,最终计算结果只取决于 $U_{eff} = U - J$。因此在本章中,将 J 值固定为 0 eV,通过调节 U 值来设定 U_{eff} 值。U_{eff} 值的选取对整个电子结构的计算具有至关重要的作用,合适的 U_{eff} 值能够精确再现实验结果,反之会得到与实验观测相悖的结果,因此本章首先对 U_{eff} 值进行测试。

从引入 Hubbard 量 U 的物理机制来分析,它是一个平均等效量,表示的是 5f 电子间的平均在位库仑排斥作用。不同的化学状态本质上反映的是不同的电子结构,即电子不同的空间布居,当然,电子之间的相互作用会发生变化,U 值也会随之改变。文献表明铀的化合物不同,U_{eff} 值不同,表明 U_{eff} 值会随着化学环境的变化而变化。确定 U_{eff} 值一般有以下几种方法:一是引用实验测定的结果;二是引用已经发表的具有较高认可度的文献提供的数值;三是采用约束密度泛函理论或随机相近似计算获得;四是通过测试,选取合适的值。虽然对于铀的化合物的 DFT + U 研究已有相关文献发表,但是前面的论述表明铀的化合物的 U_{eff} 值不适用于铀金属,此外,目前铀金属的 DFT + U 研究的相关文献很少,所以本书通过测试来选取合适的 U_{eff} 值。

物质的弹性模量对原子间的成键情况很敏感,因此可以作为判断电子结构的计算结果是否符合真实值的一个依据。本节用 α-U 的晶格常数和弹性模量作为判据来确定其 U_{eff} 值。首先对 $U_{eff} = 0$ eV(传统 DFT)作了计算,然后以 0.1 eV 为步长,在 1.2～1.8 eV 区间计算了晶格常数和弹性模量随 U_{eff} 的变化,结果列于表 3.1。

表 3.1 中列出的晶格常数和弹性模量的实验值均是二十世纪五六十年代的实验结果。此外,应当注意到不同的测量方法得到的实验结果会有所变化,因此本书不把表 3.1 中列出的实验数据作为绝对的评判标准,而将其作为一个参考区间来确定合适的 U_{eff} 值。观察表 3.1 中的数据可以发现,随着 U_{eff} 值的增加,晶格常数 a、b、c 的计算结果会增大,变化幅度分别为 4.5%、0.1% 和 2.9%。U_{eff} 的取值对弹性模量的计算结果影响很大,随着 U_{eff} 的变化,弹性模量会发生较大的变化。表面吸附过程涉及化学键的断裂和形成过程,因此在确定 U_{eff} 值时,更多地以弹性模量的实验结果为参考依据。通过对比试验数据,可以发现当 $U_{eff} = 1.5$ eV 时,通过第一性原理计算得到的晶格常数和弹性模量较好地再现了实验结果,因此,在后面所有关于 α-U 的第一性原理计算中,将 U_{eff} 设置为 1.5 eV。

表 3.1　晶格常数和弹性模量与 U_{eff} 的关系

U_{eff}	a	b	c	C_{11}	C_{22}	C_{33}	C_{44}	C_{55}	C_{66}	C_{12}	C_{13}	C_{23}
0	2.807	5.898	4.922	3.01	2.25	3.59	1.53	1.27	1.04	0.45	0.25	1.30
1.2	2.894	5.889	5.014	2.27	2.04	3.17	1.33	0.93	0.82	0.63	0.22	1.25
1.3	2.897	5.889	5.019	2.22	2.00	3.08	1.31	0.91	0.82	0.64	0.23	1.24
1.4	2.902	5.890	5.026	2.19	1.97	3.02	1.27	0.90	0.79	0.61	0.20	1.22
1.5	2.909	5.892	5.032	2.20	1.96	2.99	1.24	0.88	0.78	0.60	0.19	1.21
1.6	2.914	5.894	5.039	2.22	1.95	2.94	1.21	0.87	0.77	0.60	0.17	1.20
1.7	2.919	5.897	5.045	2.24	1.93	2.89	1.17	0.85	0.75	0.60	0.19	1.19
1.8	2.924	5.899	5.052	2.26	1.90	2.84	1.14	0.82	0.74	0.60	0.16	1.18
Exp[a]	2.844	5.869	4.932									
Exp[b]				2.15	1.99	2.67	1.24	0.73	0.74	0.47	0.21	1.08
Exp[c]				2.10	2.15	2.97	1.45	0.94	0.87			

注：表中 U_{eff} 的单位是 eV，晶格常数 a、b、c 的单位是 Å，弹性模量 C_{ij} 的单位是 Mbar；α-U 晶格常数的实验值见文献，实验 b 的弹性模量是在室温条件（25 ℃）下测得的，实验 c 是通过外推法得到的 0 K 下的弹性模量值。

3.2.2　α-U 的表面能

从能量的角度来看，能量越低，结构越稳定。通过文献调研发现，对 α-U 表面的研究大都集中于能量最低的 (001) 晶面，很少有对 α-U 的 7 个低指数晶面表面能的系统性研究，因此有必要对 α-U 各个低指数晶面的表面能进行全面的、系统的研究。真实的晶体表面原子由于周期性对称结构的破缺，其受力不平衡，使其离开体相平衡位置，趋向于向降低体系能量的方向弛豫，所以要研究各个晶面的表面能，必须首先对 7 个低指数晶面进行表面弛豫，使体系能量最小，让体系达到平衡状态，这样才能表征真实的表面特性，然后根据式(3.2)，计算 α-U 的 7 个低指数晶面的表面能，结果列于表 3.2。

表 3.2　α-U 的 7 个低指数晶面的表面能

晶面	001	010	011	100	101	110	111
$E_{sur}/(J/m^2)$	1.72	2.03	1.87	1.84	1.79	2.26	1.75

由表 3.2 可以看到，在 α-U 的 7 个低指数晶面中，(001) 面是最稳定的晶面，因为其表面能最低；(110) 面的能量最高，相对最不稳定，活性就最强，更容易被氧化腐蚀。所以相较于 (001) 面，对 (110) 面的氧化腐蚀进行研究，能够更好地表征 α-U 表面的腐蚀特性。

3.2.3　O_2 和 H_2O 在 α-U(110) 面的吸附

上小节的论述表明，对 O_2 和 H_2O 在 α-U 能量最高的 (110) 晶面的吸附行为的研究很少，因此本小节对单独的 O_2 和 H_2O 分子在 α-U(110) 面的吸附行为进行研究。一方面，期望该研究成果为理解 α-U 能量最高晶面的初期腐蚀行为提供理论支撑，对 α-U 的表面腐蚀的研究作一个补充和扩展。另一方面，也是更重要的方面，为下面研究 O_2 和 H_2O 在 α-U(110)晶面的共吸附行为奠定基础。

3.2.3.1　O_2 在 α-U(110)面的吸附

为了研究单独的 O_2 和 H_2O 分子在 α-U(110)面的吸附行为，构建了含 6 层原子的 p(2×1)的 α-U(110)晶面切片模型，单个切片晶胞中共有 24 个 U 原子。吸附趋向于发生在对称性高的位置，如图 3.2 所示，α-U(110)面有四个对称性较高的吸附位，分别为顶位（top site）、长桥位（long-bridge site）、短桥位（short-bridge site）和洞位（hollow site）（对应简写为 T、LB、SB 和 H）。本小节首先计算 O_2 分子在 α-U(110)面的吸附。对于每个高对称性吸附位，考虑了三种不同的空间取向，总共构建了 12 种初始吸附构型。优化后的稳定吸附体系的结构参数列于表 3.3。

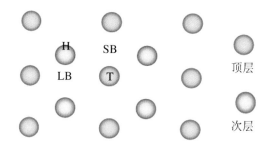

图 3.2　α-U(110)面吸附位俯视图

表 3.3　O_2 稳定吸附体系的结构参数

吸附构型	E_{ads}/eV	$R_{O-O}/Å$	$R_{O1-U1}/Å$	$R_{O1-U2}/Å$	$R_{O2-U1}/Å$	$R_{O2-U2}/Å$	$\Delta Z_{top}/Å$
H-hor-{010}	11.22	3.29	2.25	2.25	2.25	2.25	0.06
H-hor-{100}	12.60	5.00	2.08	2.14	2.08	2.14	0.05
H-ver	11.64	3.28	2.11	2.11	2.11	2.11	0.05
LB-hor-{010}	11.10	3.29	2.53	2.53	2.53	2.53	0.03
LB-hor-{100}	12.60	5.00	2.08	2.14	2.08	2.14	0.05
LB-ver	10.88	2.85	2.18	2.18	2.35	2.35	0.07
SB-hor-{010}	12.13	3.29	2.04	2.17	2.04	2.17	0.07
SB-hor-{100}	11.35	2.58	2.30	2.39	2.30	2.39	0.08
SB-ver	12.13	3.28	2.04	2.17	2.04	2.17	0.07
T-hor-{010}	12.05	3.41	2.11	2.13	2.11	2.13	0.05
T-hor-{100}	11.68	3.30	2.11	2.13	2.12	2.12	0.05
T-ver	12.13	3.29	2.04	2.17	2.04	2.17	0.07

注：表中构型一列的第一个缩写代表吸附位；第二个缩写代表吸附分子的空间状态，hor 为水平吸附，ver 为垂直吸附；数字代表吸附分子的空间取向。R_{O1-U1} 和 R_{O1-U2} 分别代表第一个解离的 O 原子与最近邻和次近邻 U 原子的距离，R_{O2-U1} 和 R_{O2-U2} 分别代表第二个解离的 O 原子与最近邻和次近邻 U 原子的距离；ΔZ_{top} 是最表层 U 原子层在 z 轴方向上的平均扩张距离。

对 O_2 和 α-U(110)面构成的吸附体系进行结构优化后，所有初始吸附构型中 O_2 分子均

发生了解离吸附，O_2 解离成两个 O 原子，最大吸附能为 12.60 eV，最小吸附能为 10.88 eV，

比 Huang 等的计算结果大，这主要是因为 Huang 等研究的是能量最低的 (001) 面，而本章研究的是能量最高的 (110) 面，这从侧面说明 α-U(110) 面的活性要比 (001) 面高，更容易被腐蚀。在优化后的最稳定吸附体系中，两个由 O_2 解离形成的 O 原子位于短桥位，见图 3.3。解离后的 O 原子和两个最近邻 U 原子形成化学键 U—O—U。由于 O 原子和 U 原子间很强的成键作用，与 O 原子最近邻的两个 U 原子均相对于吸附前的平衡位置向外发生运动，最大位移为 0.09 Å。

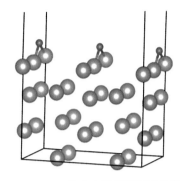

图 3.3　O_2 最稳定的解离吸附体系

3.2.3.2　H_2O 在 α-U(110) 面的吸附

在研究 H_2O 分子在 α-U(110) 面的吸附行为时，鉴于其比 O_2 分子更为复杂的分子结构，在每个初始吸附位置上考虑了 4 种不同的 H_2O 分子空间取向，共 16 种初始吸附构型。优化后的稳定分子吸附构型的结构参数列于表 3.4。

表 3.4　H_2O 稳定的分子吸附体系的结构参数

吸附构型	E_{ads}/eV	$R_{O\text{-}U}$/Å	$R_{O\text{-}H}$/Å	θ_{H_2O}/°	θ_{dihe}/°
H-hor-{010}	0.57	2.55	1.00	104.48	13.85
H-hor-{100}	0.55	2.62	1.00	103.86	25.57
H-ver-{010}	0.68	2.55	1.00	104.24	19.51
H-ver-{100}	0.59	2.64	1.00	104.64	33.37
LB-hor-{010}	0.64	2.54	1.01	103.41	21.17
LB-hor-{100}	0.59	2.55	1.00	103.54	18.42
LB-ver-{010}	0.65	2.55	1.01	103.92	18.96
LB-ver-{100}	0.60	2.55	1.01	103.53	19.16
SB-ver-{100}	0.56	2.58	1.00	104.93	7.18
SB-ver-{010}	—	—	—	—	—
SB-hor-{100}	—	—	—	—	—
SB-hor-{010}	—	—	—	—	—
T-hor-{010}	0.64	2.55	1.01	103.92	18.10
T-hor-{100}	0.56	2.57	1.00	105.12	12.21
T-ver-{010}	0.64	2.54	1.01	103.97	21.71
T-ver-{100}	0.56	2.57	1.00	105.05	11.84

注：表中构型一列的第一个缩写代表吸附位；第二个缩写代表吸附分子的空间状态，hor 为水平吸附，ver 为垂直吸附；数字代表吸附分子的空间朝向（以两个 H 原子为准）。$R_{O\text{-}U}$ 是 O 原子与最近邻 U 原子的距离；$R_{O\text{-}H}$ 是 H_2O 中 O—H 键的平均键长；θ_{H_2O} 是 H_2O 的键角；θ_{dihe} 是 H_2O 分子所在平面与最表面 U 原子层的二面角。SB-ver-{010}、SB-hor-{100}、SB-hor-{010} 三种初始构型的计算结果显示，水分子均从短桥位移动到了长桥位，稳定构型与 LB-ver-{010}、LB-hor-{100}、LB-hor-{010} 的计算结果分别对应一致。

H_2O 的氧化性弱于 O_2,在吸附过程中与 U 原子的相互作用相对较弱,在 16 种初始吸附构型中,只有 3 种初始吸附构型发生了解离吸附,在其余的吸附构型中,H_2O 以分子状态吸附于 α-U(110)晶面。对于分子吸附,最小吸附能为 0.53 eV,最大为 0.68 eV,说明 H_2O 在(110)晶面上发生的是物理吸附。对于初始的短桥位水平吸附,当两个 H 原子的空间取向沿着 {010} 晶向时,经过弛豫,H_2O 完全解离为一个 O 原子和两个 H 原子,释放吸附能 4.22 eV。解离形成的 O 原子稳定吸附于短桥位,两个 H 原子稳定吸附于 O 原子两侧的最近邻短桥位,见图 3.4(a)。当两个 H 原子的空间取向沿 {100} 晶向时,H_2O 发生非完全解离,形成一个 H 原子和一个 OH,释放吸附能 2.422 eV,H 原子和 OH 的稳定吸附位置见图 3.4(b)。对于短桥位的垂直吸附构型,当两个 H 原子的空间取向沿着 {010} 晶向时,稳定吸附后的吸附能为 2.57 eV,H_2O 解离为 H 原子和 OH,分别吸附于图 3.4(c)所示位置。

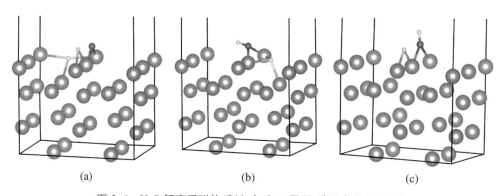

$$(a) \qquad\qquad (b) \qquad\qquad (c)$$

图 3.4　H_2O 解离吸附体系(红色为 O 原子,淡粉色是 H 原子)

3.2.4　O_2 和 H_2O 在 α-U(110)面的共吸附

Allen 等人的实验研究表明,水蒸气中溶解的 O_2 会抑制 H_2O 对铀金属的腐蚀,降低腐蚀速率。本小节对 H_2O 和 O_2 在 α-U(110)面的共吸附进行研究,揭示 O_2 抑制 H_2O 腐蚀铀金属的微观机理。从表面吸附的角度考虑,O_2 抑制 H_2O 对铀金属的腐蚀有两种可能的机理:(1) 由于 O_2 的活性大于 H_2O,O_2 会优先占位吸附于 H_2O 的最优吸附位,从而对 H_2O 的吸附起到抑制作用;(2) O_2 解离形成的 O 原子会与 H_2O 解离生成的 H 原子结合,O 原子通过消耗 H 原子来抑制铀的氢化物形成,从而降低 H_2O 腐蚀铀金属的速率。因为 H 原子容易与 U 原子相互作用生成铀的氢化物,而铀的氢化物是一种活性极强的物质,与 H_2O 的反应速率极快。

3.2.4.1　O_2 的优先吸附

考虑到 H_2O 单独吸附时,H_2O 分子在短桥位的三种初始吸附构型发生了解离吸附,因此以 O_2 解离吸附后的最稳定吸附体系为吸附基质,参考前述的三种短桥位初始吸附构型,建立三种 H_2O 分子在氧优先占位吸附体系中的初始构型。

对于两个 H 原子空间朝向沿 {010} 晶向的水平吸附,H_2O 分子发生了解离吸附,解离为一个 H 原子和一个 OH,该吸附过程释放的吸附能为 2.50 eV。而当 H_2O 分子单独吸附时,H_2O 分子会发生完全解离,形成两个 H 原子和一个 O 原子,同时释放的吸附能为 4.22 eV。

通过对比可以发现,O_2 的优先占位吸附会降低 H_2O 分子与 U 原子的相互作用强度,抑制 H_2O 的吸附、解离。同样明显的抑制作用也发生于两个 H 原子空间朝向为{100}晶向的水平吸附。在该吸附构型中,当 H_2O 分子单独吸附时,将会发生不完全解离,产生一个 H 原子和一个 OH,释放的吸附能为 2.42 eV,而在 O_2 优先占位吸附的情况下,H_2O 分子未发生解离,以分子的形式物理吸附于 α-U(110)晶面,相应的吸附能为 0.51 eV。

　　O_2 的优先吸附抑制 H_2O 的解离可以从两个不同的角度进行解释。首先,从吸附的构型和位置进行考虑。O_2 优先吸附解离后形成的 O 原子吸附于 α-U(110)表面的短桥位。根据 H_2O 分子单独吸附的计算结果,H_2O 的最优初始吸附位和解离后的 O 原子与 OH 的最稳定吸附位都位于短桥位。因此 O_2 优先占位吸附于 H_2O 的最优吸附位,从而对后续吸附的 H_2O 产生很强的抑制作用。

　　其次,通过分析吸附前后体系的电子结构,从更深入的角度来揭示 O_2 优先吸附抑制 H_2O 的吸附、解离的机理。因此本小节计算了完整 α-U(110)表面、优化后 O_2 的最稳定吸附构型、H_2O 分子单独吸附和 O_2 优先吸附后的 H_2O 分子吸附的分态密度,见图 3.5。对比图 3.5(a)和图 3.5(b),可以发现 O_2 吸附后,在费米能级以上,α-U(110)表面 U 原子的 5f 和 6d 轨道态密度有明显的下降,同时其 5f 和 6d 电子在 −5 eV 附近形成的两个新峰与解离后的 O 原子的 2p 轨道发生重合。结合 O_2 吸附后的稳定构型,可以确定,解离后的 O 原子的

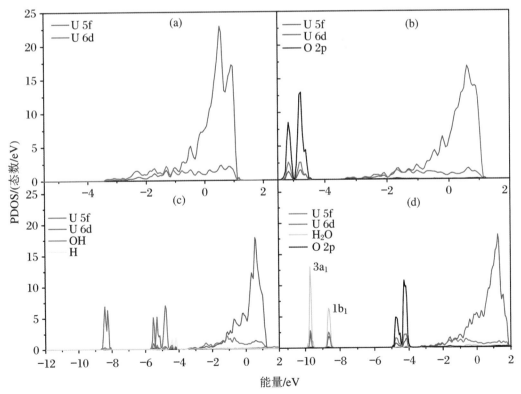

图 3.5　(a) 完整 α-U(110)表面的分态密度;(b) O_2 吸附后的最稳定构型的分态密度;
(c) H_2O 单独吸附时的分态密度;(d) O_2 优先吸附后 H_2O 吸附的分态密度

2p 轨道与 U 原子的 5f 和 6d 轨道发生杂化,形成化学键,释放能量,导致部分 5f 和 6d 电子的能级向更低的能级移动。由图 3.5(b)可知,与 O 原子 2p 电子成键的 U 原子 6d 电子的峰值约是 5f 电子的两倍,表明在 O_2 的吸附过程中,虽然 5f 电子也表现出相当程度的化学活性,但是 6d 电子的化学活性发挥了主导作用。由图 3.5(c)可以看出,H_2O 单独吸附时,解离后的 OH 和 H 原子与表面 U 原子的 6d 电子具有很强的成键作用,而 5f 电子基本没有参与和 OH 与 H 原子的成键作用,这与李赣等的研究结果相同。对比图 3.5(b)和图 3.5(c),可以发现,O 原子的 2p 峰和与其交叠的 U 原子的 6d/5f 峰几乎没有变化,表明 H_2O 的吸附对优先吸附的 O 原子与 U 原子的 6d/5f 电子的成键作用几乎没有影响。该现象表明了在与 α-U 的反应中,O 原子的化学活性远大于 H_2O。O_2 和 H_2O 与 α-U 反应时,主要与 α-U 的 6d 和 5f 电子发生键合作用,当 O_2 和 H_2O 同时与 α-U 相互作用时,两者呈现出竞争行为,而 O 的活性远大于 H_2O,在竞争中处于主导地位,从而抑制了 H_2O 在 α-U(110)表面的吸附过程。

3.2.4.2　O 原子消耗 H 原子

O_2 抑制 H_2O 腐蚀铀金属的另一种可能机理是 O_2 解离后的 O 原子会与 H_2O 解离后的 H 原子相互结合,抑制铀的氢化物形成,降低腐蚀速率。从化学反应方向的这个角度来看,O 原子与 H 原子结合成 OH 在一定程度上可以看作 H_2O 解离过程的逆过程,从而抑制 H_2O 的解离吸附。在构建吸附模型时,以优化后的 H_2O 在 α-U(110)表面的最稳定吸附构型为吸附基质,在靠近 H 原子的不同位置放置 O 原子,然后对该体系进行弛豫,观察 O 原子和 H 原子是否会发生结合。

对 O 原子在不同位置的 6 种初始吸附体进行优化,结果表明只有初始时 O 原子在长桥位的构型,O 原子与 H 原子会发生结合,形成 OH。出现这种现象的主要原因是 O 原子在 α-U 表面时,其与 U 原子的相互作用强度大于与 H 原子的相互作用强度,O 更倾向于与 U 原子结合成键。因此可以认为该种作用机制对 H_2O 腐蚀铀金属的影响有限,O_2 对 H_2O 腐蚀铀金属的抑制作用主要来自 O_2 的优先吸附机制。

本 章 小 结

为了理解铀金属在 O_2 和 H_2O 共存环境下的表面氧化腐蚀行为,本章运用 DFT + U 方法对 O_2 和 H_2O 在 α-U(110)表面的共吸附进行了研究。主要研究工作和结果如下:

(1) 通过调节 U_{eff} 的值,详细研究了 U_{eff} 值与晶格常数和弹性模量的关系。计算结果表明,相对于传统 DFT 方法,DFT + U 虽然不能完全再现所有的实验结果,但是能显著改善计算结果的准确性。对比实验结果,发现当 $U_{eff} = 1.5$ eV 时,晶格常数和弹性模量的计算结果能较好地符合实验结果。

(2) 研究了 α-U 的 7 个低指数晶面的表面能,发现表面能最低的晶面是(001)面,能量最高的晶面是(110)面,该两个面的表面能分别为 1.72 J/m^2 和 2.26 J/m^2。

(3) 对 O_2 和 H_2O 在 α-U(110)表面的单独吸附行为进行了计算。O_2 的吸附体系弛豫后,所有 12 种吸附构型均发生了解离,最小吸附能为 10.88 eV,最大吸附能为 12.60 eV。H_2O 的化学活性低于 O_2,只有当其在短桥位时才发生解离吸附,在其余的吸附位均发生分子吸附,最小吸附能为 $0.53\,\text{eV}$,最大吸附能为 $4.22\,\text{eV}$。

(4) 研究分析了 O_2 抑制 H_2O 腐蚀铀金属的微观机理。研究结果表明,虽然存在解离的 O 原子与 H_2O 分子解离形成的 H 原子结合成 OH 的可能性,但是这种可能性比较低,并不是抑制 H_2O 腐蚀铀金属的主要机理。O_2 抑制 H_2O 腐蚀铀金属的主要机理是 O_2 的优先占位吸附,即占据了 H_2O 分子的最优吸附位,同时通过其极强的与 U 原子的成键能力,抑制 U 原子的 6d/5f 电子与 H_2O 的相互作用,从而抑制 H_2O 的解离、吸附。

第 4 章 杂质元素对 α-U 表面腐蚀的影响

自然界中不存在绝对纯净的物质,同样,实际工程使用的铀金属材料并不是纯净的铀金属,而是含有多种杂质元素,这些杂质元素对铀金属的腐蚀过程的影响是亟待研究和探讨的科学问题。在实验研究方面,目前关于杂质元素对铀金属材料腐蚀影响的研究报道很少。Fichet 等人和 Burger 等人运用多种实验方法研究了特定铀材料中的杂质元素的种类和含量。在理论研究方面,Shi 等人对 α-U(001) 表面替代 Ti 原子对 H_2 的吸附、解离和扩散行为的影响作了细致的研究。计算结果表明,替代 Ti 原子使 H 原子更加容易由表面向内部扩散,因此他们认为,表面替代 Ti 原子在 α-U 表面形成 H 原子的俘获位。从 Fichet 和 Burger 等人的研究结果可以发现,Fe、Mg 和 Al 是铀材料中三种常见的、含量较高的杂质元素,因此本章研究这三种杂质元素对 α-U 表面腐蚀的影响。本章采用 DFT + U 方法,首先对三种杂质元素在 α-U 表面的替代行为进行研究,然后计算、分析替代杂质原子对 O_2 和 H_2O 分子的吸附、解离过程的影响,最后对解离后形成的 H 原子和 O 原子的扩散过程进行计算,从而探讨杂质原子对 α-U 表面腐蚀的影响。

4.1 计 算 方 法

本章中所有的密度泛函计算均由 VASP 软件完成。在参考第 3 章的基础上,本章采用如下计算方法:价电子波函数用投影缀加平面波基组展开,交换关联项用广义梯度近似框架下的 Perdew-Burke-Ernzerhof 泛函处理。平面波截断动能设置为 500 eV,电子的自洽收敛精度设置为 1.0×10^{-4} eV,体系离子弛豫结束力的判据为 1.0×10^{-3} eV/Å。赝势方法将原子核和内层电子处理成一个等效势场,只对外层价电子波函数进行计算。对于外层价电子,U 原子共 14 个($6s^2 6p^6 7s^2 5f^3 6d^1$),O 原子为 6 个($2s^2 2p^4$),H 原子为 1 个($1s^1$),Fe 原子为 8 个($3d^6 4s^2$),Al 原子为 3 个($3s^2 3p^1$),Mg 原子为 2 个($3s^2$)。布里渊区积分 k 点网格采用 Monkhorst-Pack 方法生成,对于 α-U 表面替代体系及吸附体系的计算,k 点网格采用 $3 \times 5 \times 1$。第 3 章的研究结果表明,(110)面是 α-U 的 7 个低指数晶面中能量最高的面。本章建立含 6 层原子的 α-U(110) 表面切片模型,真空层厚度设置为 15 Å。在对切片模型和吸附体系进行几何优化时,固定底部四层原子,对最表面两层原子在三个自由度方向上进行弛豫。

在过渡态计算中,NEB(nudged elastic band)是一种广泛运用的方法。NEB 方法在初态和末态之间插入一系列的中间态,通过公式 $F_i = \nabla E(r_i)$ 计算第 i 个中间态受到的力,然后根据力的计算结果对该中间态进行调整,最终使 F_i 的方向与矢量 τ_i 重合(τ_i 定义为由第 i 个中间态指向第 $i+1$ 个中间态的单位矢量),从而找到由初态扩散到末态的能量最小路径(minimum energy path,MEP)。但是传统 NEB 方法不能确保插入中间态的能量最高点是位于 MEP 的能量最高点,而在其基础上改进的 CI-NEB(climbing image NEB)方法能够保证插入的中间态的能量鞍点等于 MEP 的能量鞍点,从而准确地确定扩散过程的 MEP 势垒。

4.2　结果和讨论

4.2.1　杂质原子的替代

为了研究杂质原子替代 α-U(110)表面 U 原子的替代行为,本章建立含有 6 层原子的 p(2×1)扩展的表面切片晶胞。在一个 p(2×1)表面单元中,每个原子层含有 4 个 U 原子,如图 4.1 所示,图中红色原子是最表面的替代杂质原子,黄色原子是次表层的替代杂质原子,T、H、LB 和 SB 分别代表顶位、洞位、长桥位和短桥位。本章考虑 Fe、Al 和 Mg 三种杂质原子在最表层和次表层替代一个 U 原子的替代行为。计算结果表明,对于同种杂质原子,最表层替代体系的总能要比次表层替代体系的低,因此杂质原子在最表层替代更稳定。在本章后面的研究和讨论中,如果没有特别说明,研究和讨论的都是杂质原子在最表层的替代体系。

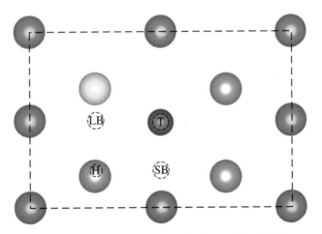

图 4.1　α-U(110)面吸附位和杂质原子替代俯视图

对嵌入杂质原子的表面晶胞进行几何优化,发现当体系达到稳定后,Mg 原子在 z 方向上比表层 U 原子层高 0.48 Å,Al 原子比表层 U 原子层高 0.15 Å,而 Fe 原子比表层 U 原子层低 0.47 Å。嵌入的杂质原子与 U 原子的相互作用在一定程度上体现在嵌入前后体系几何参数的变化。当嵌入 Mg 原子后,最表层和次表层 U 原子层分别向内部收缩 3.8% 和 2.6%;对于 Al 原子来说,该值分别为 1.0% 和 0.9%;对于 Fe 原子,该值分别为 2.5% 和 1.4%。从几何构型的角度来看,嵌入的 Mg 原子对 α-U 的表面晶体结构产生的影响最大,而 Al 原子对 α-U 的表面晶体结构造成的畸变相对最小,这或许表明 Al 原子在铀中具有相对最高的溶解性。

嵌入能刻画的是杂质原子嵌入基体前后体系的能量变化,从能量角度表征了杂质原子嵌入基体的稳定程度。对于杂质原子嵌入到已存在 U 原子空位的 α-U 表面晶胞,嵌入能可以表示为

$$E_{in}^{im} = E_{vac}^{U(110)} + E_{atom}^{im} - E_{im\_in}^{U(110)} \qquad (4.1)$$

其中 $E_{im\_in}^{U(110)}$ 是嵌入杂质原子的体系的总能;$E_{vac}^{U(110)}$ 是含有一个 U 原子空位的 α-U(110) 表面晶胞的总能;E_{atom}^{im} 是杂质原子的总能。

根据式(4.1),Fe、Al 和 Mg 三种杂质原子嵌入预先存在 U 原子空位的 α-U(110) 面的嵌入能分别为 8.70 eV、4.82 eV 和 2.40 eV。从能量角度来看,Fe 原子更容易替代 α-U (110) 表面的 U 原子,形成 Fe 原子掺杂体系。在三种杂质原子替代一个表面 U 原子的稳定体系中,Fe 原子掺杂体系的能量最低,Al 原子其次,Mg 原子最高。

由图 4.2 可以发现,杂质原子替代掺杂前后,表面 U 原子的 5f 轨道的峰值没有发生明

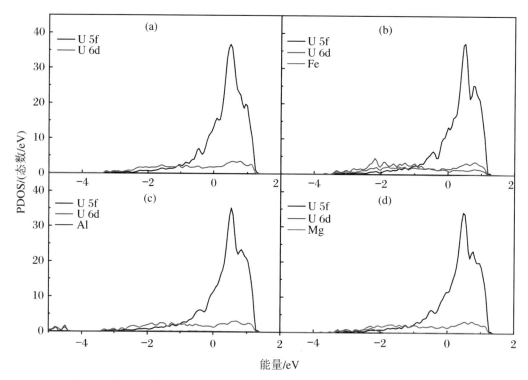

图 4.2 (a) 完整 α-U(110) 面的分态密度;(b) Fe 原子替代掺杂的分态密度;
(c) Al 原子替代掺杂的分态密度;(d) Mg 原子替代掺杂的分态密度

显的变化。杂质原子的电子轨道与表面 U 原子的 6d 轨道发生重叠,其中 Fe 原子的外层电子的态密度与 U 原子的 6d 电子相似。对于 Al 原子替代掺杂体系,在 $-5 \sim -4$ eV 的能级范围内形成了一个新的重叠峰,表明杂质原子与表层 U 原子的 6d 电子具有较强的相互作用。然而,U 原子的 6d 电子的峰值没有发生明显的变化,表明虽然 U 原子的 6d 电子与杂质原子的外层电子产生了相互作用,但是并没有发生明显的电子转移。

4.2.2　杂质原子对 O_2 和 H_2O 吸附和解离的影响

为了研究 O_2 和 H_2O 分子在 Fe、Al 和 Mg 杂质原子替代一个 U 原子形成的 α-U(110) 表面的吸附和解离行为,本小节建立了含有 23 个 U 原子和 1 个替代杂质原子的 2×1 扩展的表面晶胞,O_2 和 H_2O 分子周期性地吸附于表面晶胞的真空层一侧,分子覆盖度为 0.25 ML。如图 4.1 所示,杂质原子替代后的表面有四个对称性较高的吸附位,在每个高对称性吸附位上,考虑了吸附分子多种不同的空间取向。

对初始吸附构型进行离子弛豫后,发现在三种杂质原子替代掺杂的 α-U(110) 面上,所有初始的 O_2 分子吸附构型均发生了解离吸附,O_2 解离成为 2 个 O 原子,化学吸附于 α-U(110) 面,这与 O_2 分子在没有杂质原子的 α-U(110) 面上的吸附行为相似。在 Al 和 Fe 原子替代掺杂的 α-U(110) 表面上,H_2O 分子未发生解离,以分子形态吸附于 α-U(110) 表面。对于 Mg 原子替代掺杂的情况,当 H_2O 分子水平吸附于短桥位时,会发生自发的解离吸附,H_2O 解离为一个 H 原子和 OH,其余初始吸附构型均为分子吸附。然而对比完整的 α-U(110) 表面,当 H_2O 分子初始垂直和水平吸附于短桥位时,H_2O 分子均会发生解离吸附,因此 Fe、Al 和 Mg 杂质原子对 H_2O 分子的解离具有抑制作用。

为了研究替代杂质原子对 O_2 分子吸附的影响,本小节计算解离的 O 原子吸附于基质表面的结合能,通过结合能来分析替代杂质原子对解离的 O 原子的吸附的影响。解离后的 O 原子与表面基质的结合能可以通过下式来计算:

$$E_{bind} = E^{sur} + 2\mu_O - E^{sur/O_2} \tag{4.2}$$

其中 E^{sur/O_2} 是稳定吸附体系的总能,E^{sur} 是完整和替代表面切片晶胞的总能,μ_O 是 O 原子的化学势。考虑到铀金属在空气中氧化的初级产物是 UO_2,因此在 O_2 分子稳定的解离吸附构型中,解离形成的 O 原子的化学势位于自由 O_2 分子和 UO_2 中 O 原子的化学势之间。UO_2 的生成焓为

$$\Delta E_f^{UO_2} = (\mu_U - \mu_U^0) + 2(\mu_O - \mu_O^0) \tag{4.3}$$

其中 μ_U^0 是铀金属晶体中的 U 原子化学势,μ_O^0 是 O_2 分子中 O 原子的化学势,有如下关系式:

$$\mu_U \leqslant \mu_U^0, \quad \mu_O \leqslant \mu_O^0 \tag{4.4}$$

联合式(4.3)和式(4.4),可得

$$\frac{1}{2}\Delta E_f^{UO_2} + \mu_O^0 \leqslant \mu_O \leqslant \mu_O^0 \tag{4.5}$$

在自由 O_2 分子中,两个 O 原子的状态是一样的,因此 μ_O^0 可以用自由 O_2 分子总能的 1/2 进行计算。根据式(4.2)和式(4.5),将 O_2 分子解离后的两个 O 原子与吸附基质相互作用的结合能的计算结果绘于图 4.3。由图 4.3 可以发现,替代杂质原子降低了解离形成的 O

原子与表面基质的结合能,抑制了解离 O 原子的吸附,在一定程度上阻碍了 O_2 分子的解离吸附。

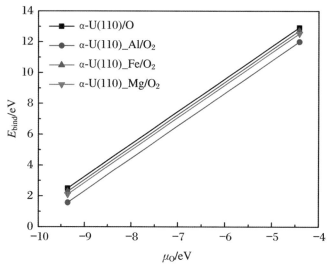

图 4.3　O 原子的结合能与 O 原子化学势 μ_O 的关系

对比图 4.4(a)～(c)和图 4.2 可以看出,O_2 吸附后表面 U 原子的 5f 电子峰出现明显的下降,表明 U 原子的部分 5f 电子发生了转移,参与了 O_2 在 α-U(110)表面的解离吸附过程。

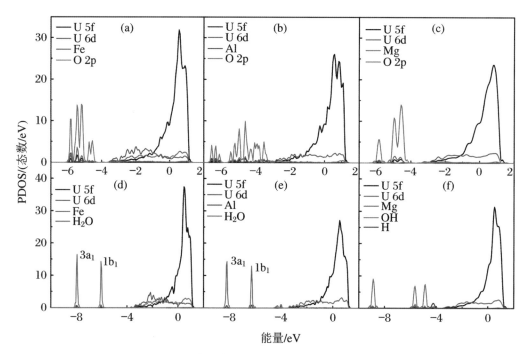

图 4.4　(a) α-U(110)_Fe/O_2 体系的分态密度;(b) α-U(110)_Al/O_2 体系的分态密度;
(c) α-U(110)_Mg/O_2 体系的分态密度;(d) α-U(110)_Fe/H_2O 体系的分态密度;(e) α-
U(110)_Al/H_2O 体系的分态密度;(f) α-U(110)_Mg/H_2O 体系的分态密度

在 −4 eV 能级以下,由于与 O_2 的吸附,形成了强度较小的新的 5f 和 6d 峰,与 O 原子的 2p 轨道发生重叠。在重叠的峰中,6d 轨道的峰要明显大于 5f 轨道,因此在与 O 原子的相互作用中,U 原子的 6d 电子是处于主要地位的。杂质原子的价电子轨道也与 O 原子的 2p 轨道发生了重合,杂质原子的外层电子也参与了 O_2 的解离和 O 原子在 α-U(110) 表面的吸附过程。

图 4.4(d)～(f)是 H_2O 吸附体系的分态密度图。由 H_2O 分子在 Fe 原子和 Al 原子替代掺杂的 α-U(110) 表面的吸附,可以看出 H_2O 分子两个最高的 $1b_1$ 和 $3a_1$ 轨道与杂质原子外层电子轨道发生了重合,表明杂质原子的价电子与 H_2O 分子发生了相互作用。而表面 U 原子的 5f 和 6d 电子的轨道与 H_2O 分子的最高占据轨道的重叠峰很小,表明 U 的 5f 和 6d 电子与 H_2O 分子的相互作用很弱,这解释了 H_2O 分子的解离受到抑制的机理。图 4.4(f)描述的是 H_2O 分子在 Mg 原子替代掺杂的 α-U(110) 表面解离吸附的分态密度。解离形成的 H 原子和 OH 与 Mg 原子的价电子和 U 的 6d 电子具有较强的相互作用,而与 5f 电子的相互作用很弱,这与 H 原子和 OH 在完整 α-U(110) 表面的吸附行为不同。

4.2.3　杂质原子对 H、O 原子扩散的影响

O_2 分子和 H_2O 分子解离后形成的 O 原子和 H 原子将在表面迁移,并由表面向内部扩散。为了对该过程进行研究,本小节采用 NEB 方法计算 O 原子和 H 原子的能量最小扩散路径。为了更加准确地找到扩散路径的能量鞍点,从而确定扩散势垒,过渡态计算采用了 CI-NEB 算法。结构优化表明,H 原子和 O 原子在完整 α-U(110) 表面和杂质原子替代的 α-U(110) 表面的最稳定吸附位为洞位。图 4.5 呈现的是完整 α-U(110) 面和替代掺杂表面的两个相邻洞位和一个次表层桥位。图中红色原子在替代掺杂体系中是杂质原子,而在完整 α-U(110) 表面表示最表层正中心 U 原子,蓝色的是最表层 U 原子,灰色是次表层 U 原子。A 代表最表层的洞-1 位,B 代表最表层的洞-2 位,C 是次表层的桥位(sub-bridge)。

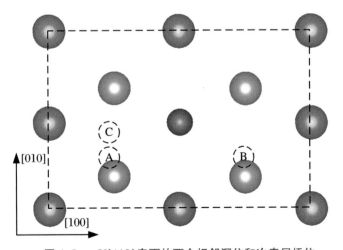

图 4.5　α-U(110) 表面的两个相邻洞位和次表层桥位

对于在表层的扩散,考虑了 H 原子和 O 原子在最表层两个相邻洞位(洞-1 和洞-2)间的迁移。对于 H 原子和 O 原子由表层向内部的扩散过程,考虑了由洞-1 位到次表层桥位的扩散。

过渡态计算表明,H 原子在完整的和杂质原子替代掺杂的 α-U(110)面由洞-1 位迁移到洞-2 位的最小能量路径是沿 $[\overline{1}00]$ 晶向穿过短桥位。根据过渡态理论,反应速率与势垒的关系为 $k_{\text{ini-fin}} = v\exp(-\Delta E/(k_\text{B}T))$,因此势垒越小,反应速率越快。如图 4.6 所示,H 原子在完整 α-U(110)面的迁移势垒是 0.303 eV。在 Fe 原子掺杂的表面,H 原子的扩散势垒与完整 α-U(110)表面基本相同,稍微有所增大,为 0.309 eV。在 Al 原子和 Mg 原子掺杂的表面,H 原子的迁移势垒有明显的降低,分别为 0.253 eV 和 0.255 eV,降低幅度分别为 16.50%和 15.84%。这表明替代掺杂的 Al 原子和 Mg 原子能促进 H 原子在表面的扩散,加快 α-U(110)表面的腐蚀。

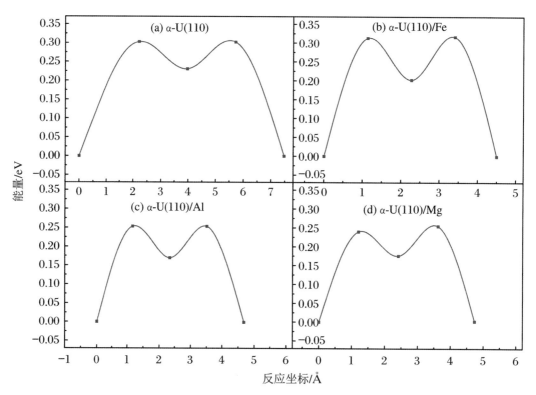

图 4.6　H 原子的表面扩散的过渡态:(a) 完整 α-U(110)面;(b) Fe 原子替代掺杂的 α-U(110)面;(c) Al 原子替代掺杂的 α-U(110)面;(d) Mg 原子替代掺杂的 α-U(110)面

O 原子在表面两个最近邻洞位间(从洞-1 位扩散到洞-2 位)的迁移势垒比 H 原子要大,表明 O 原子的迁移速率要小于 H 原子。如图 4.7 所示,O 原子在完整 α-U(110)面的迁移势垒为 0.512 eV,比 H 原子在完整 α-U(110)面的迁移势垒要大 68.98%。从计算结果来看,替代掺杂的 Fe 原子对 O 原子的表面迁移影响最小,因为 O 原子在 Fe 原子替代掺杂表面的迁移势垒与完整 α-U(110)表面的势垒相近,分别为 0.558 eV 和 0.546 eV。

α-U(110)表面替代掺杂的 Al 原子和 Mg 原子对 O 原子的表面迁移有明显的阻碍作用,因为其显著增大了 O 原子在表面的迁移势垒,其表面迁移势垒分别为 0.693 eV 和 0.725 eV。

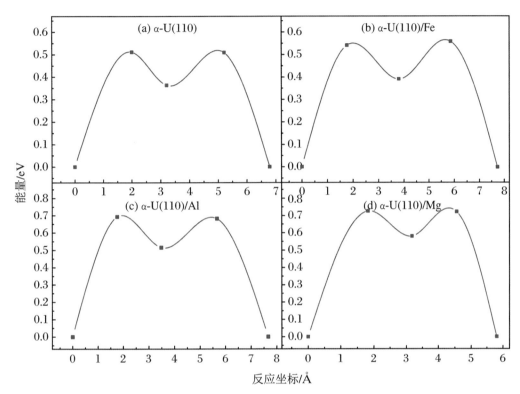

图 4.7　O 原子的表面扩散的过渡态:(a) 完整 α-U(110)面;(b) Fe 原子替代掺杂的 α-U(110)面;(c) Al 原子替代掺杂的 α-U(110)面;(d) Mg 原子替代掺杂的 α-U(110)面

由图 4.8 可以看出,H 原子由表面向内部扩散的过程是吸热过程。对于完整 α-U(110)表面,H 原子由表面洞-1 位(A 位)扩散到次表层桥位(C 位)的势垒为 0.808 eV。替代掺杂的杂质原子显著降低了扩散势垒:Fe 原子替代掺杂表面的扩散势垒为 0.663 eV,Al 原子替代掺杂表面的扩散势垒为 0.648 eV,Mg 原子替代掺杂表面的扩散势垒为 0.690 eV。综上可以看出,H 原子由表面向内部扩散的势垒明显高于在表面迁移的势垒,这表明由表面向内部扩散的速率要比表面迁移的速率慢。

由图 4.9 可知,O 原子由表面洞-1 位(A 位)扩散到次表面桥位(C 位)需要克服的势垒要远大于 H 原子。O 原子在完整 α-U(110)表面向内部扩散的势垒为 1.383 eV,在 Fe、Al 和 Mg 原子替代掺杂的 α-U(110)表面的势垒分别为 1.364 eV、1.421 eV 和 1.386 eV,因此可以看出杂质原子对 O 原子由表面向内部扩散过程的影响较小。

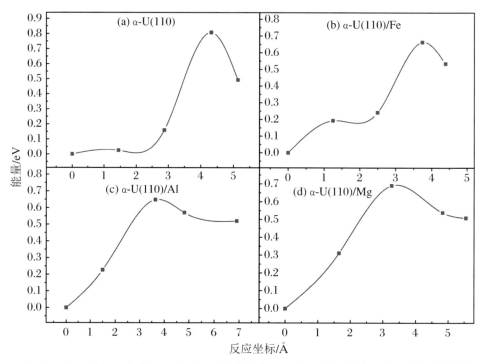

图 4.8　H 原子由表面向内部扩散的过渡态：(a) 完整 α-U(110) 面；(b) Fe 原子替代掺杂的 α-U(110) 面；(c) Al 原子替代掺杂的 α-U(110) 面；(d) Mg 原子替代掺杂的 α-U(110) 面

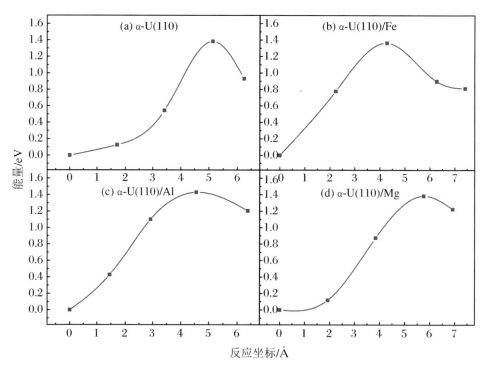

图 4.9　O 原子由表面向内部扩散的过渡态：(a) 完整 α-U(110) 面；(b) Fe 原子替代掺杂的 α-U(110) 面；(c) Al 原子替代掺杂的 α-U(110) 面；(d) Mg 原子替代掺杂的 α-U(110) 面

通过上面的分析发现,对于 O 原子,不论是在表面的迁移还是由表面向内部的扩散,替代 Fe 原子对这两个过程的影响都小于 Al 原子和 Mg 原子。为解释该现象,需要对 Fe 原子替代掺杂表面 O_2 的吸附体系的电子结构进行分析。图 4.10 呈现的是 α-U(110)_Fe/O_2 体系的分态密度。如图 4.10 所示,Fe 原子 d 电子的行为与 U 原子 d 电子的行为很相似。前面的分析表明,O 原子主要与 U 原子的 d 电子发生相互作用,因此导致 O 原子与 α-U(110)_Fe 表面的相互作用和与完整 α-U(110) 表面的相互作用是相似的,从而使 Fe 原子对 O 原子的表面迁移和由表面向内部扩散的影响较小。

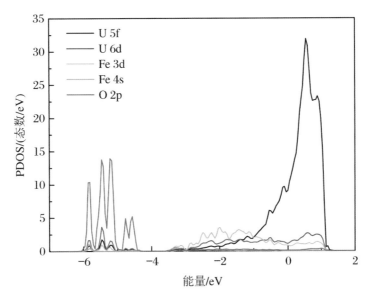

图 4.10　α-U(110)_Fe/O_2 体系的分态密度

本 章 小 结

本章运用 DFT + U 方法研究了 Fe、Al 和 Mg 三种替代掺杂原子对 α-U(110) 表面腐蚀的影响。主要研究内容和结果如下:

(1) 研究了三种杂质原子 Fe、Al 和 Mg 在 α-U(110) 表面的替代行为。替代掺杂体系的弛豫结果表明,杂质原子与最表层 U 原子不在同一层,三种杂质原子的嵌入能分别为 8.70 eV、4.82 eV 和 2.40 eV。因此从能量的角度来看,Fe 原子的替代是最稳定的。通过分析分态密度可以发现,U 原子的 5f 电子与杂质原子的价电子的相互作用很弱,主要是 U 原子的 6d 电子与杂质原子的价电子发生相互作用,但是并没有发生明显的电子转移。

(2) 研究了杂质原子对 O_2 和 H_2O 分子吸附和解离的影响。对比 O_2 分子在完整 α-U(110) 表面和杂质原子替代掺杂的表面的吸附、解离行为,发现杂质原子对 O_2 分子的解离没有表现出明显的抑制作用,但是对解离的 O 原子的吸附有一定的影响,表现为降低了 O 原子在表面的结合能。对于 H_2O 分子的吸附和解离,杂质原子对 H_2O 分子的解离表现出明显的抑制作用。在 Fe 和 Al 原子替代掺杂的表面,H_2O 分子全部以分子形态吸附于基质表面,没有发生解离。在 Mg 原子替代掺杂的表面,虽然当 H_2O 分子水平吸附时会发生解离,但是相比于完整 α-U(110)表面,仍表现出明显的抑制作用。

（3）通过采用CI-NEB方法对过渡态进行计算,研究了 O_2 分子和 H_2O 分子解离形成的 H 原子和 O 原子在表面迁移和向内部扩散的过程。计算结果表明,除 Fe 原子只稍微降低了 H 原子的表面迁移势垒外,Al 原子和 Mg 原子能够明显降低 H 原子的表面迁移势垒。对于 H 原子由表面向内部的扩散过程,三种杂质原子都明显降低了 H 原子的扩散势垒。因此 Fe、Al 和 Mg 杂质原子加速了铀金属的氢蚀。对于 O 原子在表面的迁移过程,三种杂质原子增大了其迁移势垒,而对 O 原子由表面向内部扩散的势垒影响相对较小。因此杂质原子对铀金属的氧化腐蚀有一定的抑制作用。

第 5 章 α-U 表面吸附行为的分子动力学

在核能的开发和利用中,铀是一种十分重要的材料。由于它的高放射性和活泼的化学性质,铀的安全使用、运输和贮存一直都是巨大的难题。铀具有活泼的化学特性,极易与氧化性气体发生氧化腐蚀。铀金属的腐蚀是从活性分子在表面的吸附、解离开始的,并且反应非常迅速,在实验上难以观测到反应细节。而理论研究可以弥补这一缺陷,并且能够揭示其反应机理。因此采用理论方法研究铀金属的表面反应过程和反应机理一直是一个重要的课题,具有重要的理论和实践意义。

关于铀金属表面 O_2 和 H_2O 的腐蚀行为,众多学者已经做了一系列研究与探索,但这些研究都是利用 VASP 软件进行 DFT 计算,很少有研究采用 AIMD 方法。鉴于铀金属表面腐蚀情况,为做到研究更全面细致,本章采用 AIMD 方法进行理论分析,围绕其表面 O_2、H_2O 分子吸附过程展开理论研究工作,深入探究铀金属表面出现氧化腐蚀的基本原理。

5.1 计 算 模 型

本章的 AIMD 计算是利用 CP2K 软件包进行的,采用混合高斯和平面波基组 GPW 和 GAPW 的 DFT 方法,初始温度设置为 300 K。在经典的 MD 计算中,常使用 NPT 系综,但 AIMD 计算的原子数量有限,会导致非常剧烈的压力涨落,不容易控制压力,所以采用 NVT 系综。为了加快计算速度,将 H_2O 中的 H 原子替换为 D 原子,并且时间步长设置为 1 fs。U 是锕系元素,存在 6d、5f 电子,这两种电子都是强关联电子,传统的 DFT 方法无法精确描述间隙(gap),LDA 和 GGA 忽略了电子的强关联作用,因此引入修正作用,采用 DFT + U 方法,取 $U - J = 1.5$ eV。在 SCF 迭代收敛的过程中通常可以选用 OT 算法,其对应的收敛精度为 1.0×10^{-5} eV,布里渊区积分采用 Γ 点近似。交换关联泛函采用 PBE 泛函,在选取势函数时,O 原子的 2s、2p 电子作为价电子,U 原子的 6s、6p、6d、7s、5f 电子作为价电子,剩余的原子实用 Geodecker-Teter-Hutter(GTH)赝势模拟。

铀金属具有多种晶体结构,主要包括 α 相、β 相和 γ 相等,这些结构互为同素异形体,因此它们在特定的温度条件下能够彼此转换,转换温度分别是 941 K(α 相→β 相)、1048 K(β 相→γ 相)。因此,铀金属在常温条件下往往表现为 α 相结构,即使升压至 100 GPa 依旧不变。时至今日,铀的应用吸引了大量目光与关注,凭借其许多优异特性,成为诸多领域不可或缺的材料,发挥着极其重要的作用。从铀的应用角度来看,核反应方面一般选择 α 相铀,故而本章同样围绕 α-U 开展研究工作,以期获得更具代表性的结论。事实上,当前往往探讨最低能量的 {001} 面。经深入研究 α-U 低指数晶面表面能,{001} 面最稳定,{110} 面能量、活性最高,极易被腐蚀。鉴于此,科学探究 {110} 面有助于表征其腐蚀特性,从而克服实践阶段可能面临的种种问题,使其实践应用具备更扎实的基础。

　　研究 α-U{110} 面 H$_2$O、O$_2$ 分子的反应时,首先需要构建含 6 层原子的 p(4×2) 切片模型,且单切片晶胞拥有 96 个 U 原子。在计算中,固定了下面 3 层 U 原子,放开了上面 3 层。由于吸附趋向于发生在高对称性处,因此选择在短桥位、长桥位、洞位和顶位分别进行研究。α-U{110} 表面高对称性吸附位如图 5.1 所示。

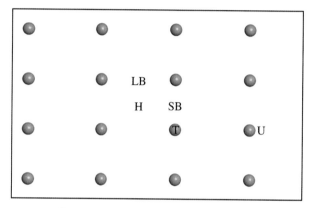

图 5.1　α-U{110} 表面高对称性吸附位

5.2　结果和讨论

5.2.1　O$_2$ 在 α-U 表面的吸附

　　在洞位、顶位、长桥位和短桥位上,O$_2$ 均在 0.1 ps 左右吸附在铀晶胞表面上,解离成两个 O 原子,并与邻近的两个 U 原子形成 U—O—U 键。吸附能见表 5.1。为了研究 U 金属表面 O$_2$ 的动力学行为,不同吸附位置的径向分布函数(RDF)如图 5.2 所示,在每一个 RDF 中可以很明显看到在 2 Å 附近有 1 个尖锐的峰,这表明在解离吸附过程中,U 和 O 有很大概率距离为 2 Å,这个距离对应于 U 和 O 的平衡核间距离。在顶位的解离吸附过程中,O$_2$ 解离后,两个 O 原子分别与表面长桥位两端的两个 U 原子成键,而在其他 3 个位置解离时,O 原子则与短桥位上的两个 U 原子成键。由于长桥位之间的距离最长,因此在 RDF 中,顶位吸附的第 1 个峰的峰值向右偏离 0.2 Å。在不同的位置上,RDF 峰的强度有略微的变化,其形状基本一致。在 4.7 Å 附近,出现了第 2 个峰,这恰好是晶胞中 U 原子和 O 原子次邻近的距离,而顶位吸附构型的第 2 个峰的峰值向左偏离 0.7 Å。

表 5.1　O$_2$ 分子在 α-U 表面不同位置解离的吸附能

吸附位	顶位	洞位	长桥位	短桥位
吸附能/eV	− 13.06	− 20.41	− 14.69	− 11.97

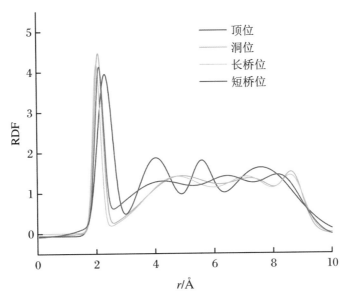

图 5.2　O$_2$ 分子在长桥位、短桥位和洞位吸附中 U-O 的 RDF

在洞位与长桥位的吸附过程中,O$_2$ 解离后,两个 O 原子分别与短桥位两端的 U 原子成键,形成 2 个 U—O—U 键,吸附能分别为 − 20.41 eV、− 14.69 eV,解离吸附结果如图 5.3

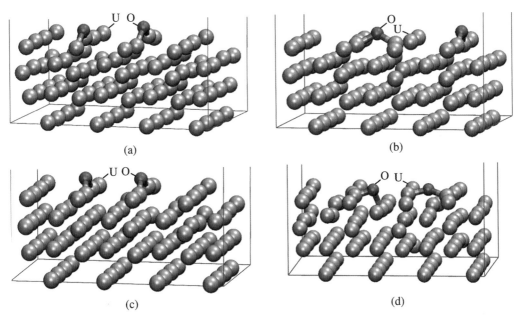

图 5.3　O$_2$ 分子在四种吸附位解离吸附示意图
O$_2$ 分子分别在(a) 长桥位、(b) 短桥位、(c) 洞位和(d) 顶位解离吸附。

所示。这个吸附过程的 RDF 在第 1 个峰和第 2 个峰之间几乎没有密度分布,这表明在 O_2 吸附过程中,U—O 键很稳定,在 U—O—U 键形成后,几乎没有键的断裂与生成,这表明 O_2 在洞位与长桥位的吸附是最稳定的。

在顶位和短桥位的吸附过程中,O 原子与长桥位两端的 U 原子成键,吸附能分别为 -13.06 eV、-11.97 eV。因为 O 与 U 存在相对较强的成键作用,所以两个 U 原子都出现了向外运动的情况,其位移的极大值为 0.09 Å,并且 U—O 键键长增大,这就导致在这两种吸附过程中 U—O 键的不稳定性。从 RDF 中也可看出,第 1 配位层和第 2 配位层之间存在着较大的概率密度,这也表明在顶位和短桥位吸附不如在洞位和长桥位吸附稳定。

为了深入探讨 O 原子与铀金属表面原子之间的影响,本研究对 O_2 分子的分波态密度展开了具体运算,得到的结果具体参考图 5.4。图 5.4(a)主要展示了清洁 α-U{110} 表面所对应的分波态密度;当 O_2 分子由特定位置解离吸附时,其轨道与表面 U 原子所对应的分波态密度信息具体参考图 5.4(b)。通过该图我们能够发现,态密度信息绝大部分处于费米能级(能量 = 0 eV)周围。在经过对比分析之后,我们能够明确 5f 和 6d 轨道电子态前后发生的改变。在费米能级周围,U 原子所对应的 5f、6d 轨道态密度大幅度减小,而此时 5f 峰的

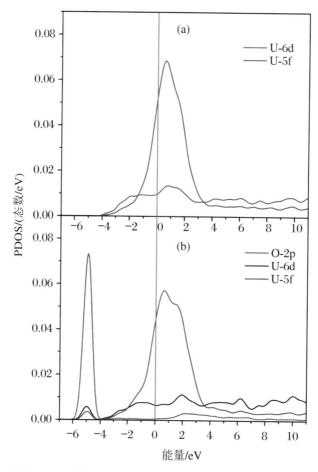

图 5.4　O_2 分子在 α-U{110} 表面吸附前后分波态密度对比

峰值在一定程度上降低,其主要处于 −5 eV 周围,进而产生两个全新的峰,并与 2p 轨道电子态密度出现重叠。就 −5 eV 的能级而言,6d 轨道对应的峰值显著超过 5f 轨道对应的峰值,这说明在解离吸附时尽管 5f、6d 轨道的电子都发挥了作用,然而其中最为关键的部分依然为 6d 电子,其占据主导地位。

为深入分析电荷分布与转移情况,需要求解吸附体系差分电荷,其定义如下:

$$\Delta\rho = \rho_{AB} - \rho_A - \rho_B$$

考虑到本书目标,这里主要分析短桥位吸附构型差分电荷密度,如图 5.5 所示,结合图例进行说明:若 O_2 分子由 U 晶胞短桥位吸附,那么电荷转移绝大部分情况下发生于 O 原子和与其邻近的 U 原子附近,根据 Bader 电荷计算,O 原子得到 1.13 个电荷,U 原子失去 0.57 个电荷。在吸附的过程中,电荷从 U 原子转移到 O 原子上。电荷分布向 O 原子一侧聚集,O 原子附近电荷密度增大,同时,与 O 原子相对较近的一侧电荷密度大幅度降低,这说明在吸附后的稳定构型内,O 原子和 U 原子之间存在相互吸引作用。

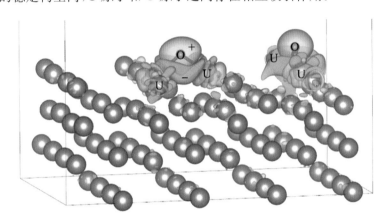

图 5.5　O_2 分子在短桥位稳定吸附的差分电荷密度 3 维视图

5.2.2　H_2O 在 α-U 表面的吸附

在计算 H_2O 的表面吸附时,分别在 U 晶胞表面短桥位、长桥位、洞位和顶位放置了 1 个氧端朝下的 H_2O 分子,其解离后产生 1 个 OH 和 1 个 H,同时与邻近的 U 原子形成 U—OH 键和 U—H 键。H_2O 分子在短桥位在 0.26 ps 左右解离,在其他 3 个位置均在 1 ps 左右解离,且在短桥位的吸附能最小,为 −4.84 eV,表明 H_2O 分子在短桥位的解离吸附是最容易发生的,吸附能见表 5.2。H_2O 分子在 4 个位置的解离情况相似,故图 5.6 中仅给出了 H_2O 分子在短桥位解离吸附的结果。除此之外,由运动轨迹可以看出,OH 与成键的 U 原子在平衡位置做热运动,而 H 则在晶胞表面第 1 层与第 2 层之间运动,这表明 U—OH 键相对稳定,而 U—H 键不稳定。

表 5.2　H_2O 分子在 α-U 表面不同位置解离的吸附能

吸附位	顶位	洞位	长桥位	短桥位
吸附能/eV	−2.86	−2.97	−4.63	−4.84

结合图 5.6 进行说明: H_2O 分子解离为 OH 和 H 原子, OH 与表面的 U 原子形成 U—OH 键。其 RDF 如图 5.7 所示, U—OH 键中 U—O 键的成键情况与 O_2 解离时 U—O 键的情况相似, 但在短桥位和长桥位这两种结构中, 第 1 配位层与第 2 配位层之间几乎没有密度分布, 表明 U—O 键极其稳定。在洞位和顶位吸附中, 第 1 配位层与第 2 配位层之间有一定的密度分布, U—O 键不如在长桥位和短桥位稳定, 但均比 O_2 分子解离后的结构稳定。短桥位吸附的 RDF 第 1 配位层的峰值明显比其他 3 种吸附构型的峰值大, 因此相比之下也是所有吸附构型中最稳定的。结合解离吸附时间、吸附能以及 RDF 函数分析, 验证了 H_2O 分子更偏向短桥位解离吸附, 在后续的计算分析中, 都将以短桥位的吸附为主, 确保所得结论更具代表性。

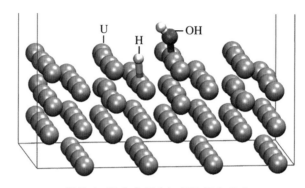

图 5.6 H_2O 分子在短桥位解离吸附

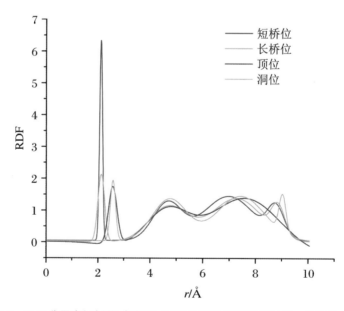

图 5.7 H_2O 分子在短桥位、长桥位、顶位和洞位解离吸附时 U—O 键的 RDF

为了深入探究 H_2O 分子解离之后的成键状况, 我们可以结合分波态密度展开运算。根据图 5.8 进行分析, 图 5.8(a) 主要展示的是清洁 α-U{110} 表面所对应的分波态密度, 图 5.8(b) 是 H_2O 分子在短桥位解离吸附后的分波态密度, 图中选取了解离后的 OH 和距离其最近的 U 原子。由图可以明显看出,H_2O 分子解离吸附后 U 原子的 5f 轨道峰值大幅度提升,峰宽出现了明显缩减,这说明 5f 电子的局域性显著增强,在 0～2 eV 范围内态密度增大。U 原子的 6d 电子的态密度整体减小,表明发生了电荷转移。在 -5 eV 和 -5.5 eV 附近,U 原子的 5f、6d 轨道电子产生两个较弱的新峰,与解离后的 OH 的 2p 轨道电子的态密度重合,表明 OH 中 O 原子的 2p 轨道电子与 U 原子的 5f 和 6d 轨道电子在 -5 eV 和 -5.5 eV 附近产生共价作用,发生杂化,但杂化作用较弱。

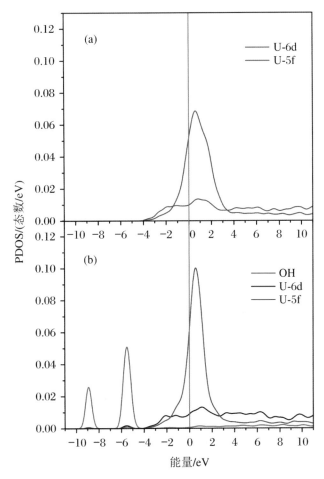

图 5.8　H_2O 分子在 α-U{110} 表面吸附前后分波态密度对比

为了能够对分波态密度的结论进行准确验证,并具体展示体系的电荷转移状况,这里需要研究其差分电荷密度,具体情况参考图 5.9。结合图例进行说明:图中 OH 的 H 原子端电荷总量明显缩减,O 端电荷在一定程度上增多,这说明 O 原子和 H 原子产生了特定的共价键,其具有非常显著的相互作用;此外,靠近 O 原子的一端电荷增加,在 U 和 O 之间的区域电荷减少,验证了 OH 中 O 原子与 U 原子相互作用,可以形成化学键;H_2O 分子解离产生的 H 原子周围电荷密度明显增大,其附近的 U 原子在与 H 原子相近的一端电荷密度显著提升,二者的区域电荷密度在一定程度上降低,这说明 H 原子与附近的 U 原子彼此影响。再者,根据 Bader 电荷的计算结果展开分析,孤立的 H 原子总共获得 1.09 个电荷,OH 内 H

原子总共丢失 0.56 个电荷，O 原子得到 1.24 个电荷。H 原子周围电荷密度过大，从 U 原子得到过多的电子，而 OH 中 H 原子处于缺乏电子的状态，因此当 OH 与 H 原子靠近时，可能会发生相互作用，产生 H_2。

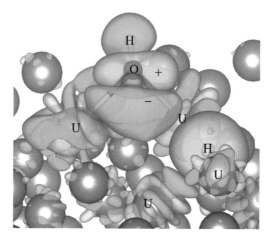

图 5.9 　H_2O 分子在短桥位解离吸附的差分电荷密度

在本次研究中，为了验证上述猜测是否准确，同时提高研究的科学性和代表性，在 α-U $\langle 110 \rangle$ 表面放置更多 H_2O 分子，在洞位上分别放置了 2、3、4 个 H_2O 分子。其中，如图 5.10 所示，当 3 个 H_2O 分子在表面解离时，第 1 个 H_2O 分子在 0.96 ps 发生解离，产生的 H 原子

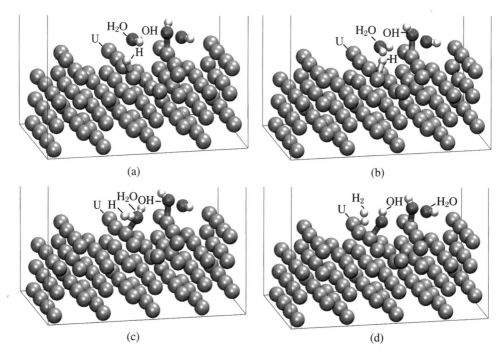

图 5.10 　H_2 产生的过程

在表面运动；在 1.24 ps 左右，H 原子运动到未解离的 H_2O 分子附近；在 1.32 ps 左右，H 原子与 H_2O 分子发生相互作用，与 H_2O 分子中的 H 成键，产生 H_2 逸出。

为了深入分析 H_2 产生过程中的电荷转移与成键作用，对差分电荷密度展开分析，差分电荷密度具体参考图 5.11。在 H 原子与 H_2O 分子进行充分反应之前，H 原子周围电荷密度增大，从 U 原子得到 1.12 个电荷，H_2O 分子附近电荷密度减小，这使 H 原子有靠近 H_2O 分子并与之反应的可能。H 原子靠近 H_2O 分子时，H 原子与 H_2O 分子的反应速度很快，H 原子的电荷转移到 H_2O 分子中，聚集在 O 原子周围，O 原子附近电荷密度增大。H_2O 分子中的 H 原子与孤立的 H 原子成键，两个 H 原子周围电荷密度减小，与邻近的 U 原子间的电荷密度显著提升，与 OH 邻近的两个 U 原子电荷密度大幅度缩减。随着反应的进一步发生，OH 与表面两个 U 原子成键，在两个 H 原子与 U 原子之间靠近 H 原子一侧，电荷密度增大，H_2 获得足够的电荷后，逃离晶胞表面。H_2 在表面上则会与铀金属进一步发生氢化腐蚀。

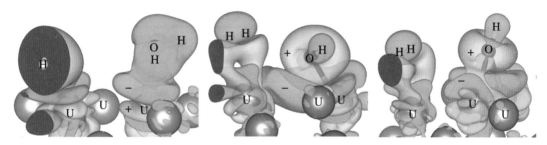

图 5.11　H_2 产生的过程中的差分电荷密度

5.2.3　O_2 和 H_2O 在 α-U 表面的共吸附

研究发现，水汽中溶解 O_2 能在一定程度上抑制 H_2O 腐蚀，促使腐蚀速率减慢。因此，本小节着重研究 α-U{110}面二者共吸附问题，从而分析这种抑制的微观作用机理，采取科学手段提高抑制效果，为实践应用创造更良好的条件。由表面吸附层面出发，存在两种可能机理：(1) 相比之下，由于 O_2 化学性质更活泼，因此 O_2 会优先吸附在铀金属表面上，借此抑制 H_2O 解离；(2) 解离情况下产生的 O、H 原子将会成键，前者消耗后者，进而抑制铀的氢化物产生，借此延缓水对铀的氢化腐蚀。

结合上述构型展开分析，我们可以发现在短桥位的部分具有最为理想的稳定性，故在本小节中，只考虑将 H_2O 分子放置在短桥位的情况，O_2 分子放置在邻近的 3 个短桥位。在经过 8 ps 的计算后，最终得到以下结果，如图 5.12 所示：在 3 种构型中，O_2 分子均在 0.08 ps 左右迅速解离，与 U 原子形成 U—O—U 键，与单独的 O_2 分子解离情况相似，1 个 O 原子与短桥位两端的 U 原子成键，1 个 O 原子与长桥位两端的 U 原子成键。H_2O 分子的吸附情况则不同，当 O_2 分子在最邻近短桥位时，H_2O 分子在约 2 ps 出现解离吸附，吸附能为 -17.09 eV；但在对角、次邻近短桥位时，H_2O 分子仅出现分子吸附，并未解离，吸附能分别为 -15.07 eV 和 -15.4 eV。

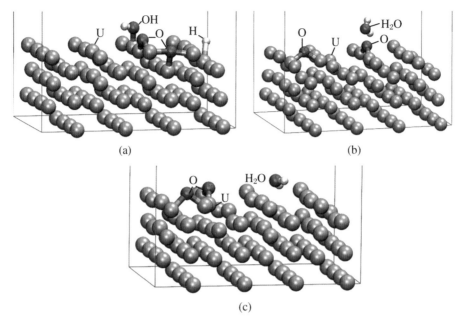

图 5.12　O₂ 分子和 H₂O 分子在不同吸附位置上共吸附结果图

(a) O₂ 分子与 H₂O 分子在最邻近短桥位上共吸附;(b) O₂ 分子与 H₂O 分子在次邻近短桥
位上共吸附;(c) O₂ 分子与 H₂O 分子在对角短桥位上共吸附。

　　为了研究 O₂ 分子和 H₂O 分子与铀金属表面原子之间的微观作用,进一步对吸附构型的分波态密度进行了计算。按照所得结果做出合理分析与判断。通过对清洁 α-U{110} 面与以上吸附构型展开比较研究,分波态密度参见图 5.13,图中选取了 1 个 O 原子、1 个 OH、1 个 H₂O 分子和距离其最近的 U 原子。就清洁 α-U{110} 面而言,在最邻近短桥位吸附时,结合图 5.13(b)进行分析,两部分的 2p 轨道态密度出现非常明显的重叠现象,除此之外,6d、5f 轨道在 −5.2 eV 出现了全新的峰,表明 U 原子的 6d、5f 轨道电子与 OH 和 O 原子都发生了相互作用,且在 0∼5.2 eV 区间内 5f 轨道电子态密度峰值变大,峰宽变窄,表明电子局域性增强。在次邻近和对角短桥位吸附时,H₂O 分子均未发生解离,此时图 5.13(c)和(d)中,O 原子 2p 轨道电子态密度峰值在 −5 eV 处,且峰值相对图(b)明显变大,H₂O 分子中 O 原子 2p 轨道电子态密度峰值分别在 −6 eV、−8 eV、−11 eV 处,此时二者也没有重合。U 原子的 6d、5f 轨道电子在这 4 个峰值处均产生了新峰,在 −5 eV 处的峰值较大,而且6d 轨道电子所对应的参数相对较大,这表明在与 O 原子彼此影响时,6d、5f 轨道电子都发挥了一定作用,并且前者发挥主导作用。在 −6 eV、−8 eV、−11 eV 处,U 原子的 6d、5f 轨道电子态密度的峰值很小,这说明尽管 U 原子与 H₂O 分子之间彼此影响,然而其相互作用相对较小,并没有产生显著影响。

　　按照实验情况来看,以上研究均无法简单反映 O₂ 分子抑制 α-U{110} 面 H₂O 分子吸附机理,因此为较直观剖析其微观机理,图 5.14 进行了相应分波态密度对比研究,期望获得满意结果。由图可以看出,在发生表面吸附后,U 原子的 5f 峰值增大,峰宽变窄,电子局域性增强,表明产生了电荷转移。在 O₂ 分子解离情况下,O 原子在 −5 eV 位置产生 1 个峰,U

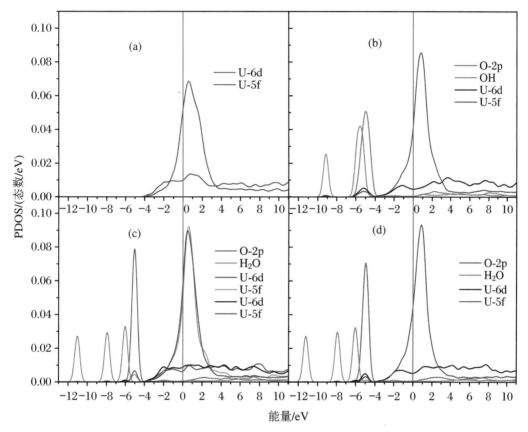

图 5.13　O₂ 分子和 H₂O 分子在不同吸附位共吸附前后分波态密度对比

(a) 吸附前 α-U{110}面的分波态密度；(b) O₂ 分子和 H₂O 分子在最邻近短桥位共吸附后的分波态密度；(c) O₂ 分子和 H₂O 分子在对角短桥位共吸附后的分波态密度；(d) O₂ 分子和 H₂O 分子在次邻近短桥位共吸附后的分波态密度。

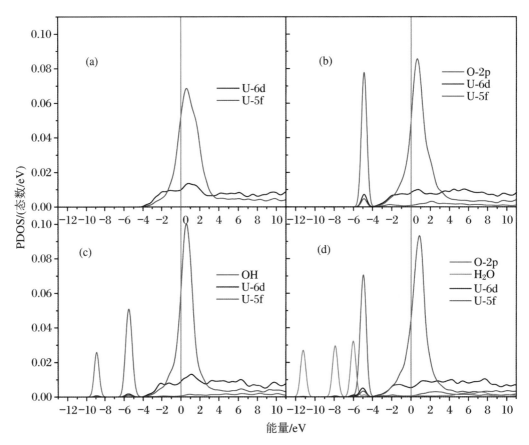

图 5.14　O₂ 分子和 H₂O 分子在 α-U⟨110⟩面吸附前后分波态密度对比

（a）吸附前 α-U⟨110⟩面的分波态密度；（b）O₂ 分子在 α-U⟨110⟩面短桥位吸附后的分波态密度；（c）H₂O 分子在 α-U⟨110⟩面短桥位吸附后的分波态密度；（d）O₂ 分子和 H₂O 分子在 α-U⟨110⟩面短桥位共吸附后的分波态密度。

原子的 5f、6d 轨道电子也在此处产生 1 个新峰,且 6d 轨道的峰值要比 5f 轨道的峰值大。
H_2O 分子解离后,OH 中的 O 原子在 $-5.6\,eV$、$-9\,eV$ 处形成新峰,峰值均小于 O_2 分子解离产生的 O 原子的峰值,验证了 O 和 U 原子相互作用强过 OH 和 U 原子。在发生共吸附时,O 原子在 $-5\,eV$ 处形成新峰,H_2O 分子在 $-6\,eV$、$-8\,eV$、$-11\,eV$ 处形成新峰,且峰值均小于 O 原子的 2p 轨道电子的峰值,其能量最高的峰也较单吸附时能量减小。H_2O 分子解离后新峰的能量与 O_2 分子解离后新峰的能量接近,因此在二者初始距离较近时,前者依旧会出现解离吸附;距离较远时,由于 O 原子的活性更高,与 U 原子的 5f、6d 轨道电子相互作用更强,O 原子先与 U 原子反应,阻止了 U 原子进一步与 H_2O 分子反应,因此可抑制 H_2O 分子的解离行为,削弱对表面的氧化腐蚀。

为验证分波态密度研究结论是否准确,必须深入研究差分电荷密度,详情参见图 5.15。结合图例进行说明:1 个 U 原子既和 O_2 分子解离的 O 原子成键,又和 H_2O 分子之间发生电荷转移,结合 Bader 电荷计算,该 U 原子共失去 0.91 个电荷,其中 O 原子得到 0.61 个电荷,H_2O 分子中的 O 原子得到 0.25 个电荷,表明 U 原子与解离的 O 原子发生电荷转移后,向 H_2O 分子转移的电荷不足以让 H_2O 分子发生解离。这从电荷转移的角度论证了 O_2 分子抑制 H_2O 分子在 α-U{110} 表面的解离行为。

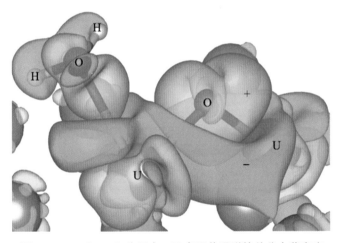

图 5.15　O_2 和 H_2O 分子在 α-U 表面共吸附的差分电荷密度

5.3　吸附机理分析

H_2O 分子在表面吸附产生的 H_2 会对铀金属造成更严重的氢化腐蚀,因此对产生 H_2 的过程进行详尽的分析是很有必要的。图 5.16 给出了表面反应过程中的原子运动情况与电荷转移情况,H_2O 分子靠近表面时,O 原子会从表面 U 原子获得 0.68 个电荷,产生相互作用吸附在表面,并解离为 OH 和 H 原子。解离后的 H 原子从表面 U 原子获得 1.12 个电荷,转变为游离态氢原子。而 H_2O 分子中的 H 原子处于缺乏电子的状态,当 H 原子靠近

H_2O分子时,带负价的 H 原子向 H_2O 分子转移 0.56 个电荷,使得 H_2O 分子中的 H 原子脱离并与 H 原子成键产生 H_2,H_2 脱离表面逸出,剩下的 H_2O 分子转化为 OH,至此反应过程结束。

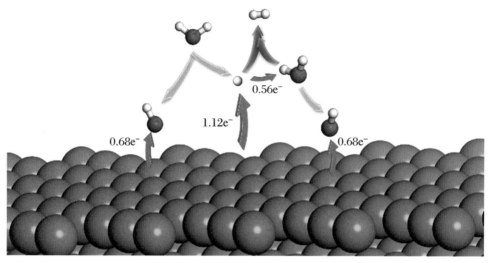

图 5.16 H_2O 分子在 α-U 表面产生 H_2 示意图

在铀金属表面的氧化过程中,O_2 对 H_2O 的抑制作用是一个很重要的现象。通过 2.3.3 小节的分析,明确了反应过程中的成键情况与电荷转移情况。为了对该过程有一个清晰明了的认识,在此对吸附过程中的机理进行进一步明确。图 5.17 中形象地画出了吸附过程中分子的解离与电荷转移过程,O_2 分子靠近铀金属表面时,迅速与表面 U 原子发生电荷转移,解离为两个 O 原子,每个 O 原子获得 1.13 个电荷。表面 U 原子的电荷被消耗后,附近的 H_2O 分子只能从 U 原子获得 0.25 个电荷,与表面 U 原子的成键作用十分微弱,不足以支持 H_2O 分子发生解离。

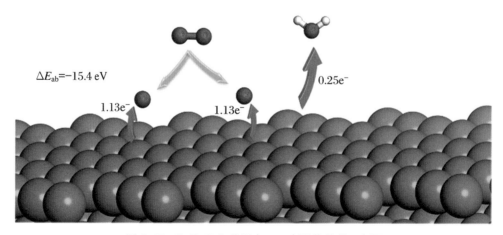

图 5.17 O_2 和 H_2O 分子在 α-U 表面共吸附示意图

本 章 小 结

　　本章采用 AIMD 方法,探讨 O_2、H_2O 在铀金属能量最高表面的吸附行为。通过归纳梳理,主要工作和结论如下:

　　首先,对 O_2 分子在 α-U{110} 表面的吸附展开了深入分析,发现 O_2 在表面极易解离,解离后 O 原子倾向于吸附在短桥位,吸附能可达 -20.41 eV。在反应过程中,U 原子的 5f、6d 轨道电子均有参与,其中 6d 轨道电子占主导作用,起到关键影响。

　　其次,通过综合研究 H_2O 分子解离吸附行为,发现 H_2O 分子在短桥位最容易解离,吸附后的结构也是最稳定的。以此为前提,随后研究分析了 H_2 的产生机理:水分子解离成 OH 和 H 原子,H 原子从周围的 U 原子获得大量电子,转变为游离态 H 原子,与 H_2O 分子中的 H 反应产生 H_2。而 H_2 会进一步与铀金属发生氢化腐蚀。

　　最后,综合探究 O_2 对 α-U{110} 面 H_2O 解离的抑制作用。研究发现,由于 O_2 的活性更高,会率先在表面发生氧化腐蚀,解离后 O 原子的 2p 电子与 U 原子的 5f、6d 电子相互作用更强,可减弱铀金属和 H_2O 分子的反应。

第3篇 铀氧化物表面吸附行为

　　铀氧化物是目前最为重要的核燃料,在几乎所有的商用核电站、核动力装置中都有应用,特别是二氧化铀,其在制造工艺、理化性能、辐照性能、相容性能等方面的优越性使它成为核动力装置的首选核燃料。二氧化铀在没有足够氧气存在的情况下,不与水反应,具有较好的惰性,但一旦处于含氧的水蒸气中,则会迅速发生浸胀和破裂,因此二氧化铀的氧化问题是其腐蚀的主要内容。

第 6 章　O_2 和 H_2O 在 UO_2 表面的共吸附

到目前为止,关于 UO_2 氧化腐蚀行为的实验研究已经有大量的文献报道。氧化反应动力学的实验研究结果表明,在干燥的空气和 O_2 中,氧化分两步进行,在水蒸气中,除了会生成 U_3O_8,还有 UO_3 的水合物生成。此外还发现,在没有空气和其他氧化剂存在的情况下,UO_2 对 H_2O 基本上呈现惰性。UO_2 表面氧化的实验研究表明,不论是在符合化学计量比的表面还是贫氧的表面,都观察到 H_2O 分子解离现象的发生。

近年来,为了揭示 UO_2 表面氧化腐蚀的微观机理,在理论层面上进行了许多第一性原理研究工作。O_2 是引起 UO_2 腐蚀的重要原因,Chaka 等人采用 AIMD 方法研究了 UO_2 的腐蚀与温度和 O_2 分压的关系。H_2O 是引起 UO_2 腐蚀的另一重要原因,目前,H_2O 分子在 $UO_2(111)$、(110)、(100)、(211) 和 (221) 晶面的吸附解离行为得到了系统的、详细的研究。在 H_2O 和 O_2 共存的条件下,计算结果表明,H_2O 会促进 O_2 的吸附。

本章采用 DFT $+ U$ 方法,对 O_2 和 H_2O 共吸附条件下 O_2 和 H_2O 分子与 $UO_2(001)$ 面的相互作用进行研究,分析 O_2 促进 H_2O 腐蚀 UO_2 的微观机制。期望本章的研究成果能够帮助揭示实验观察到的 O_2 促进 H_2O 与 UO_2 反应的现象的微观机理,深化对 UO_2 在实际环境中(O_2 和 H_2O 通常同时存在)腐蚀行为的理解。

6.1　计算方法和模型

本章所有第一性原理计算均采用 VASP 软件计算完成。参考第 3、4 章,本章采用如下计算方法。价电子波函数用缀加投影平面波基组展开,交换关联项用广义梯度近似框架下的 Perdew-Burke-Ernzerhof 泛函处理。为了处理强关联的 U 原子的 5f 电子,本章采用 DFT $+ U$ 方法来改善 DFT 方法对 5f 电子的描述。经过大量研究的检验,在 UO_2 中,$U = 4.50$ eV 和 $J = 0.51$ eV 是比较合适的值,这与 Kotani 等人实验测定的值相近。对于 UO_2 体系,Dorado 等人用 DFT $+ U$ 方法在研究其点缺陷时发现,采用同样的方法,得到的研究结果却会存在明显差别。这是由于 DFT $+ U$ 方法导致了轨道的各向异性,致使计算结果依赖于初始点,增大了体系进入亚稳态的可能性。为了解决亚稳态问题,他们提出了占据矩阵控制(occupation matrix control,OMC)方法,通过控制 5f 电子初始的轨道占据状态,使体系达到基态。因此本章采用 OMC 方法来解决 DFT $+ U$ 方法导致的 UO_2 体系的亚稳态问题。

经过测试,缀加平面波基组的截断动能设置为 500 eV,电子的自洽收敛精度设置为 1.0×10^{-4} eV。在对体系进行离子弛豫时,以力作为收敛判据,当体系的残余应力小于 1.0×10^{-3} eV/Å 时,可以认为自洽计算已经收敛。在赝势方法中,原子核和内层芯电子被等效为一个平均势场,只对外层价电子的波函数进行计算。本章研究的 U、O、H 原子的外层价电子组态分别为 $6s^2 6p^6 7s^2 5f^3 6d^1$、$2s^2 2p^4$ 和 $1s^1$。UO_2 体系具有较强的磁性,参考已报道的研究工作,本章采用 $1k$ 反铁磁性来近似处理实验发现的 $3k$ 反铁磁性。布里渊区积分采样使用 Monkhorst-Pack 方法生成的 k 点网格,对含有 4 个原胞的 UO_2 超晶胞进行优化,采用 $7 \times 7 \times 7$ k 点网格,而对含有 6 原子层的表面切片晶胞及吸附体系进行计算时,由于体系较大,原子数较多,为了降低计算量,采用 $3 \times 5 \times 1$ k 点网格。

UO_2 是面心立方晶体(图 6.1),空间群代号为 225-Fm3m,U 原子位于 $(0,0,0)$ 处,O 原子位于 $(0.25, 0.25, 0.25)$ 处,晶格常数为 5.468 Å。

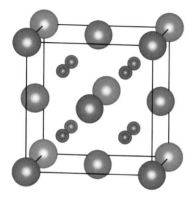

图 6.1　UO_2 单胞

6.2　结果和讨论

6.2.1　UO_2 的表面性质

从能量的角度来说,表面能越高,就越不稳定,也就意味着化学活性越强,腐蚀越容易发生。本节首先对 UO_2 的所有低指数晶面的表面能性质进行研究,确定表面能最高的晶面,基于该表面对 O_2 和 H_2O 在 UO_2 表面的共吸附进行研究,从而分析 UO_2 最高能量晶面的腐蚀行为,更加真实地反映 UO_2 的抗腐蚀性能。

本章建立了含有 6 层原子的 UO_2 表面晶胞,沿 z 方向的真空层厚度设置为 15 Å,该厚度足以消除因周期性排列而导致的实际上同一原子的自相互作用,合理地表征真实的 UO_2 表面的结构。在实际的情况中,UO_2 表面已经弛豫到了平衡状态,因此首先对构建的表面晶胞模型进行离子弛豫。在弛豫过程中,放开表面两层原子,固定底部四层原子。然后根据计算表面能的公式(3.2)计算 UO_2 的所有低指数晶面的表面能。计算结果表明,O 原子端和 U 原子端的(111)晶面的表面能分别是 0.755 eV 和 0.801 eV,(100)晶面的表面能为 0.946 eV,表面能趋势与 Tasker 和 Bo 等的研究结果相同。能量最高的表面是 U 原子端的(001)表面,在后面的研究中,基于的都是弛豫后的 U 原子端的(001)表面。

6.2.2　O_2 和 H_2O 分子在 UO_2(001)表面的吸附、解离

为给 O_2 分子和 H_2O 分子在 UO_2 表面的共吸附研究做对比和铺垫,同时扩展和深化对

单独的 O₂ 和 H₂O 腐蚀 UO₂ 能量最高表面行为的理解,本小节首先对 O₂ 和 H₂O 分子在 U 原子端的 UO₂(001)表面的单独吸附、解离进行研究。

本小节建立 p(2×1)扩展的、含有 6 原子层 36 个原子的表面超晶胞作为吸附基质。从一般的规律来看,吸附趋向于发生在表面的高对称性位置,在 p(2×1)的表面超晶胞中,共有 3 个高对称位置,如图 6.2 所示,分别为顶位、桥位和洞位,分别简记为 T、B 和 H。

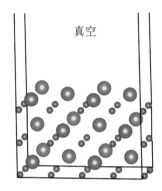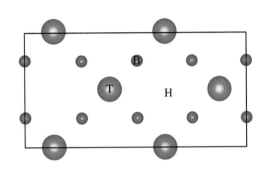

图 6.2　U 原子端 UO₂(001)表面(左侧)和高对称性吸附位(右侧)(图中红色的是 O 原子,蓝色的是 U 原子)

对于 O₂ 分子在 U 原子端(001)表面的吸附,每个吸附位上考虑了 3 种不同的 O₂ 分子空间取向,垂直吸附一种,水平吸附两种,其中水平吸附分别为 O₂ 分子沿[100]和[110]晶向。经过优化,在所有吸附构型中,O₂ 分子均发生了自发解离,形成两个 O 原子。O₂ 分子解离吸附释放出的最大吸附能为 4.13 eV,最小吸附能为 3.11 eV。通过观察发现,解离后的两个 O 原子趋向于吸附于桥位,表明桥位是 O 原子的最优吸附位。

在最稳定吸附构型中,如图 6.3 所示,解离后的两个 O 原子距最表面 U 原子层 1.16 Å,两个 O 原子与其最近邻的两个 U 原子的距离分别为 2.10 Å、2.24 Å 和 2.19 Å、2.25 Å,该值相比 UO₂ 晶体中 O—U 键的键长 2.37 Å 稍小,因此可以推测两个 O 原子与各自最近邻的两个 U 原子形成了 U—O—U 化学键。为深入研究该稳定吸附体系的成键情况,本小节计算了该稳定吸附体系的分态密度,如图 6.4 所示,作为对比,图 6.4(a)呈现的是 U 原子端 UO₂(001)表面的分态密度。由图 6.4(a)可以发现,洁净的 U 原子端 UO₂(001)表面的费米能级附近的带隙约为 2.0 eV,与实验结果 2.1 eV 相近。O₂ 分子吸附后,位于费米能级上方

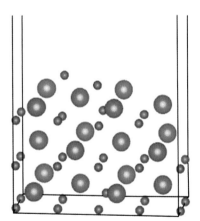

图 6.3　O₂ 分子解离吸附的最稳定吸附构型

的 U 原子 5f、6d 峰的峰宽变宽,表明 5f、6d 电子的离域性变强。在 -7.5～-3.5 eV 的能级范围内,O 原子的 2p 电子和 U 原子的 5f、6d 电子发生杂化,由于该杂化作用,位于该能级范围内 5f、6d 电子峰宽扩展了约 1 eV。伴随着 O 原子与 U 原子的成键作用,U 原子的 5f、

6d 峰值发生明显的降低,电子由 U 原子的 5f、6d 轨道向 O 原子的 2p 轨道转移。

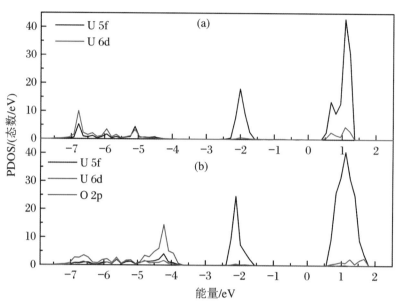

图 6.4　(a) U 原子端 UO$_2$(001)表面的分态密度;
(b) O$_2$ 分子解离吸附的最稳定吸附构型的分态密度

　　相对于 O$_2$ 分子的直线型结构,H$_2$O 分子的空间结构要更加复杂。构建初始吸附构型时,在每个吸附位上,H$_2$O 分子以 O 原子端吸附于 UO$_2$ 表面,同时考虑 H$_2$O 分子四种不同的空间取向(垂直吸附两种,H$_2$O 分子中的两个 H 原子取向分别为[100]和[110]晶向;水平吸附两种,H$_2$O 分子中的两个 H 原子取向也分别为[100]和[110]晶向)。经过优化,在所有的 12 种初始吸附构型中,除了两种桥位水平吸附和一种洞位垂直吸附发生解离吸附外,其余均发生分子吸附。在三种解离吸附构型中,H$_2$O 分子解离成一个 H 原子和一个 OH。解离后形成的 H 原子和 OH 吸附在桥位。其中,OH 皆以 O 原子端垂直吸附于桥位,这表明相对于 H 原子,O 原子与 UO$_2$ 表面具有更强的亲和力。对于 H$_2$O 分子的分子吸附,吸附能为 0.41~0.52 eV,这与 Paffett 等的实验结果接近,表明 H$_2$O 分子发生的是物理吸附。对于 H$_2$O 分子发生解离吸附的情况,吸附能为 1.53~1.68 eV,该计算结果高于 Tian 等人和 Weck 等人同样采用 GGA + U 方法得到的结果,这或许归因于研究的表面和分子覆盖度的不同。在最稳定的 H$_2$O 分子解离吸附构型中,如图 6.5 所示,H 原子与最近邻和次近邻 U 原子的距离分别为 2.28 Å 和 2.32 Å,该值与实验测定的 UD$_3$ 中 U—D 键的键长 2.32 Å 相近。OH 的键长为 0.98 Å,

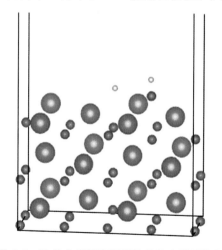

图 6.5　H$_2$O 分子解离吸附的最稳定吸附构型

OH 中的 O 原子与最近邻和次近邻 U 原子的距离分别为 $2.40\,\text{Å}$ 和 $2.41\,\text{Å}$。由图 6.6 可以看出,解离形成的 OH 与表面 U 原子具有很强的化学成键作用。相比于 O_2 分子吸附的情况,U 原子的 5f、6d 峰值下降幅度要小,表明转移的电子相对更少,意味着表面 U 原子的氧化态要低于 O_2 分子的稳定吸附体系。

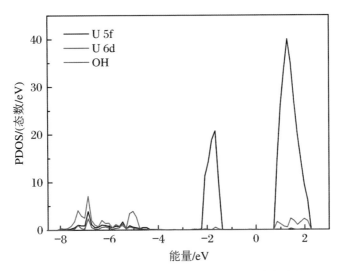

图 6.6　H_2O 分子解离吸附的最稳定吸附体系的态密度图

6.2.3　O_2 和 H_2O 分子在 UO₂(001) 表面的共吸附

实验研究发现,O_2 能够促进 H_2O 对 UO₂ 的腐蚀,本小节从 O_2 和 H_2O 分子在 UO₂ 表面的共吸附角度对该实验现象进行研究,分析 O_2 促进 H_2O 对 UO₂ 腐蚀的微观机理。为了研究 O_2 分子对 H_2O 分子吸附的影响,在构建 O_2 分子和 H_2O 分子共吸附的初始构型时,首先在三个高对称性吸附位上放置一个 O_2 分子,分别记为 O_2-B 型、O_2-H 型和 O_2-T 型(字母 B、H 和 T 代表 O_2 分子的吸附位)。然后在后续放置 H_2O 分子时对 O_2 分子进行固定,对于 H_2O 分子的吸附构型,考虑了 5.3.2 小节中的三种高对称性吸附位,在每个吸附位上考虑了水平吸附和垂直吸附两种不同的 H_2O 分子的空间朝向。通过这样构建初始共吸附构型来研究不同吸附位置的 O_2 分子在不同吸附构型中对 H_2O 分子吸附的影响。

对所有构建的 O_2 分子和 H_2O 分子的共吸附构型进行优化,发现 O_2 分子都发生了自发的解离吸附,这表明 H_2O 分子对 O_2 分子的解离过程影响不大。但是进一步研究发现,H_2O 分子对 O_2 分子解离后的 O 原子的吸附有一定的影响,最明显的是 O 原子的稳定吸附位发生了变化。相反,O_2 分子却对 H_2O 分子的吸附有显著的影响。对于 O_2-B 型,当初始的 H_2O 分子吸附构型为桥位的水平、垂直吸附,顶位的水平吸附和洞位的垂直吸附时,H_2O 分子解离成一个 OH 和一个 H 原子。对于前三种情况,H_2O 分子解离形成的 H 原子并不稳定,会与 O_2 分子解离形成的 O 原子结合,形成 OH。对于剩余的洞位水平吸附和顶位垂直吸附,H_2O 分子以分子形态吸附于 UO₂ 表面。O_2-H 型的情况与 O_2-B 型的相同,但是 O_2-T 型的有所不同。在 O_2-T 型中,除了 H_2O 分子的顶位吸附构型,其余构型中的 H_2O 分子均发生了解离,形成一个 OH 和一个 H 原子。H_2O 分子解离形成的 H 原子继而与 O_2 分子解离形成的 O 原子结合形成 OH。对比 H_2O 分子单独吸附的计算结果，发现 O_2 分子促进了 H_2O 分子在 UO_2 表面的吸附，这与实验现象一致。对所有的共吸附构型的计算结果进行分析，可以发现一个规律：初始时 H_2O 分子离 O_2 分子越近，H_2O 分子越趋向于发生解离。这是因为距离越近，O_2 分子和 H_2O 分子的相互作用就越强，促进作用就越明显。

初始吸附构型和优化后的稳定构型并不能为揭示 O_2 分子促进 H_2O 分子解离的机理提供足够的信息。为了对 O_2 分子促进 H_2O 分子解离的机理进行深入细致的研究和分析，采用 CI-NEB 方法对解离过程进行研究。通过搜索初态与末态之间最小能量路径的过渡态，对该一系列的过渡态进行分析，探讨 O_2 分子促进 H_2O 分子解离的微观机理。

图 6.7(a)～(e) 呈现的是共吸附 O_2 分子和 H_2O 分子的顺序解离过程。从图中可以看出，整个解离过程可以分为两个阶段。图 6.7(a)～(c) 是第一阶段，即解离阶段。O_2 分子对 H_2O 分子中与其较近的一个 H 原子产生了很强的吸引作用，该吸引作用将该 H 原子从 H_2O 分子拉向 O_2 分子，致使 H—O 键断裂，H_2O 分子发生解离，这就是 O_2 分子促进 H_2O 分子解离的微观机理。由于 H 原子和 UO_2 表面的作用，O_2 分子也发生解离，解离后的一个 O 原子与 H_2O 分子解离形成的 H 原子结合，形成一个 OH。图 6.7(d)、(e) 可以视为第二阶段，即扩散阶段，解离产生的 O 原子和 OH 在表面扩散，吸附到能量最优位置，整个解离过程结束。

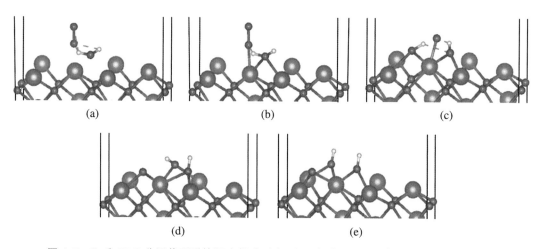

图 6.7　O_2 和 H_2O 分子共吸附的顺序解离过程：(a) 初态；(b) 过渡态 1；(c) 过渡态 2；(d) 过渡态 3；(e) 末态

6.2.4　O 原子和 H_2O 分子在 UO_2(001) 表面的共吸附

除了 O_2 分子和 H_2O 分子的共吸附机制外，O_2 促进 H_2O 分子的吸附、解离还有另一种可能机理。从 5.3.2 小节的讨论可以知道，O_2 分子与 U 原子端 UO_2(001) 面的反应活性高于 H_2O 分子，因此 O_2 分子能优先吸附于 U 原子端 UO_2(001) 面。优先吸附的 O_2 分子发生解离，解离形成的 O 原子与后续吸附的 H_2O 分子相互作用，从而促进 H_2O 分子的吸附和解离，这种促进机理可以称为 O_2 分子的优先吸附，也可以称为 O 原子与 H_2O 分子的共吸附。

为了研究 O_2 分子优先吸附对后续 H_2O 分子吸附的影响，本小节以优化后的最稳定的

O_2 分子吸附构型作为吸附的基质来研究其对 H_2O 分子吸附、解离的影响。在构建 H_2O 分子的吸附构型时,采用与 5.3.3 小节中相同的吸附构型。经过优化,发现 6 种初始构型中的 H_2O 分子都自发地发生了解离,形成一个 H 原子和一个 OH。除了 H_2O 分子以垂直状态吸附于洞位的初始吸附构型,解离形成的 H 原子以 H 原子形态稳定地吸附于桥位,其余的都与优先吸附的 O 原子结合形成 OH。通过仔细观察,可以发现 H_2O 分子的吸附对优先吸附的 O 原子影响较小,O 原子仍吸附于原来的位置,空间位置没有发生明显变化。从计算结果来看,优先吸附的 O 原子对 H_2O 分子的吸附、解离产生了明显的促进作用。对比 H_2O 分子和 O_2 分子的共吸附,可以发现,O_2 分子优先吸附对 H_2O 分子的吸附解离促进作用更加明显。

　　图 6.8 呈现的是在 O_2 分子优先吸附的机制下,后续吸附的 H_2O 分子的解离过程。同样,H_2O 分子的整个解离过程可以分为两个阶段。图 6.8(a)~(d) 是第一阶段,可以称为解离阶段。由图可以看出,由于优先吸附的 O 原子和 UO_2 表面的吸引作用,垂直吸附的 H_2O 分子逐步向水平吸附转变。随着转变过程的进行,H_2O 分子中的 H 原子与优先吸附的 O 原子距离逐渐变小,因而优先吸附的 O 原子对其吸引作用变大,从而导致 H 原子与原 H_2O 分子中的 O 原子间的 H—O 键断裂,H 原子与优先吸附的 O 原子结合成 OH,H_2O 分子发生解离。图 6.8(d)、(e) 是第二阶段,即扩散阶段,主要是 H_2O 分子失去一个 H 原子形成的 OH 扩散到稳定吸附的桥位。从解离过程的分析来看,优先吸附的 O 原子与 H_2O 分子的 H 原子存在较强的相互作用,该相互作用将 H 原子从 H_2O 分子拉向优先吸附的 O 原子,导致 H_2O 分子解离。H_2O 分子中的 H 原子之所以会脱离 H_2O 分子中的 O 原子的束缚,而被吸引到优先吸附的 O 原子,原因在于 H_2O 分子中的 O 原子已经束缚了两个 H 原子,束缚的 H 原子的数量趋于饱和,所以其对 H 原子的吸引作用小于“裸露”的 O 原子,导致一个 H 原子被优先吸附的 O 原子吸引过去。这也解释了 H_2O 分子都只发生非完全解离,而没有完全解离成为两个 H 原子和一个 O 原子的现象:H_2O 分子中的 O 原子失去一个 H 原子后,优先吸附的 O 原子对另一个 H 原子吸引作用的强度与 H_2O 分子中 O 原子对其的束缚强度基本相同,所以剩下的一个 H 原子就不会脱离 O 原子的束缚,H_2O 分子只能发生未完全解离吸附。

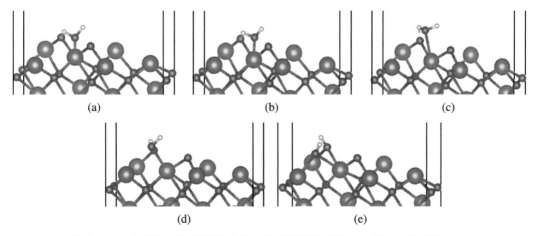

(a)　　　　　　　　　(b)　　　　　　　　　(c)

(d)　　　　　　　　　(e)

图 6.8　O_2 分子优先吸附时 H_2O 分子的顺序解离过程:(a) 初态;(b) 过渡态 1;(c) 过渡态 2;(d) 过渡态 3;(e) 末态

本 章 小 结

为理解 O_2 促进 H_2O 与 UO_2 反应的微观机理,本章采用了 GGA + U 方法,研究了 O_2 和 H_2O 分子在 UO_2 表面的共吸附,从共吸附的角度分析了 O_2 促进 H_2O 对 UO_2 的腐蚀的机理,深化了对 UO_2 在 O_2 和 H_2O 共存环境下腐蚀行为的理解。本章的主要研究工作和成果如下:

(1) 研究了 UO_2 所有低指数晶面的表面能,计算得到的表面能趋势与实验和已报道的计算结果相同,结果表明 U 原子端的(001)晶面是能量最高的面。

(2) 为给共吸附研究提供参照对象,从而分析 O_2 对 H_2O 吸附解离的影响,首先研究了 O_2 分子和 H_2O 分子在 UO_2 表面的单独吸附。通过计算发现,O_2 分子在 UO_2 表面吸附时会自发解离,解离形成的两个 O 原子趋向于吸附在桥位,以 U—O—U 键的形式与 UO_2 表面结合。解离过程释放的最大吸附能为 4.13 eV,最小吸附能为 3.11 eV。对于 H_2O 分子在 UO_2 表面吸附,部分吸附构型中的 H_2O 分子以分子形态物理吸附于 UO_2 表面。在解离吸附的构型中,H_2O 分子发生非完全解离,形成一个 H 原子和一个 OH,其解离吸附的吸附能较 O_2 分子的解离吸附要小很多。

(3) O_2 促进 H_2O 的吸附解离有两种可能的微观机理:一种是 O_2 分子和 H_2O 分子同时吸附于 UO_2 表面,O_2 分子与 H_2O 分子相互作用,从而促进 H_2O 分子的解离。另一种是 O_2 分子优先吸附于 UO_2 表面,其解离形成的 O 原子与后续吸附的 H_2O 分子发生相互作用,促进 H_2O 分子的解离。对于第一种机制,计算结果表明,同时吸附的 O_2 分子能促进 H_2O 分子的解离,且 H_2O 分子和 O_2 分子的距离越近,这种促进作用越明显。通过过渡态计算,详细分析了解离过程,尤其是 H_2O 分子的解离过程,探讨了 O_2 分子促进 H_2O 分子吸附解离的基本物理图像。

(4) 对于第二种促进机制,计算结果表明,优先吸附的 O 原子对 H_2O 分子解离吸附的促进作用比第一种共吸附机制的促进作用更加明显。此外还观察到,由于 O 原子与 UO_2 表面很强的化学成键作用,后续 H_2O 分子的解离吸附对优先吸附的 O 原子产生的影响较小,优先吸附的 O 原子的空间位置没有发生明显的变化。通过分析解离过程的过渡态,讨论了优先吸附的 O 原子促进 H_2O 分子吸附、解离的微观机理。此外,本章初步探讨了 H_2O 分子只发生非完全解离的现象。

第 7 章 UO₂ 表面吸附行为的分子动力学

铀金属在常温下容易氧化,生成多种氧化物,其中最主要的氧化物是 UO_2。现阶段,人们针对 UO_2 表面相关问题开展了一系列实验研究工作,研究成果非常丰富。其中氧化动力学实验分析显示,在空气中,反应是一个两步过程;在水蒸气内,反应产生 U_3O_8 与 UO_3 水合物。另外在无其他氧化剂时 UO_2 对 H_2O 表现为惰性。腐蚀实验分析显示,不管是在满足化学计量比的表面抑或是贫氧表面,H_2O 分子始终可在 UO_2 表面进行解离。

当下,为分析 UO_2 表面腐蚀的微观机理,人们从理论角度进行了许多研究。O_2 与 H_2O 氧化反应是 UO_2 腐蚀的根本原因,一直属于研究领域焦点课题,吸引着大量学者展开研究与探索。其中 Chaka 等人通过 AIMD 计算分析其腐蚀与 O_2 分压、温度之间的关联;Maldonado 等人采用第一性原理方法,模拟分析 UO_2{111}、{211}、{221} 表面上 H_2O 的温度与压力依赖性吸附反应;Skomurskia 等人通过模拟研究发现 UO_2 的半导电性质通过近表面电子结构的变化增强了 O_2 在 H_2O 中的吸附。

通过综合对比分析,按照实际情况考虑,本章决定采用 AIMD 方法,分别模拟计算 UO_2{001}面 O_2、H_2O 分子单/共吸附行为,探讨两者腐蚀 UO_2 的微观机制,以期揭示腐蚀实验结果的微观机理,进一步认识与掌握现实环境下 UO_2 的腐蚀行为,让科学预防腐蚀措施获得足够支持,减少或消除 UO_2 可能受到的影响。

7.1　计　算　模　型

按照现有技术工具,本章在研究的过程中采用了 CP2K 软件。依据上一章内容,这里直接选择以下算法来处理。对于价电子波函数部分而言,主要通过混合高斯和平面波基组 GPW 和 GAPW 进行具体展开,一般情况下初始温度设置为 300 K,采用 NVT 系综。通过测试,截断能设置为 600 eV,为了加快计算速度,避免占用过多时间,将 H_2O 中的 H 原子替换为 D 原子,并且时间步长设置为 1 fs。在 SCF 迭代收敛中,选取 OT 方法,且精度是 1.0×10^{-5} eV,布里渊区积分采用 Γ 点近似。引入赝势法后,原子核与内层芯电子能够等效成相应势场,一般情况下只需要对其波函数展开分析。在势函数的选取上,采用 O 原子的 2s、2p 电子作为价电子,U 原子采用 Li 开发的势函数,其价电子组态为 $6s^2 5d^{10} 6p^6 7s^2 5f^3 6d^1$,剩余的原子实用 GTH 赝势模拟。

UO₂ 属于面心立方晶体(图 7.1),U、O 原子分别处在(0,0,0)、(0.25,0.25,0.25)处,晶格常数为 5.468 Å。

在现有研究成果中,Tasker 和 Bo 等人的成果显示,U 原子端{001}面的能量远远超过 UO₂ 其他表面,通过研究该晶面腐蚀行为,更有利于表明 UO₂ 的腐蚀特性。因此本章的研究内容均围绕该晶面进行,可使所得结论更具代表性。为探究该晶面的 H_2O 与 O_2 分子的反应行为,建立含 6 层原子的 p(2×2)切片模型,单切片晶胞内 U、O 原子数量分别为 24、48 个。具体计算阶段,固定下方 2 层 O 与 1 层 U 原子,放开表面 3 层原子。因为吸附主要由高对称性处进行,所以选择 UO₂ 桥位、顶位、洞位(依次简称为 B、T 与 H)逐一开展研究工作。高对称性吸附位如图 7.2 所示。

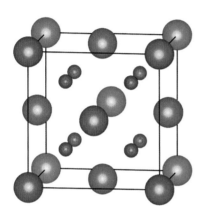

图 7.1 UO₂ 单胞

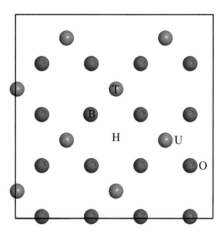

图 7.2 UO₂{001}表面高对称性吸附位

7.2 结果和讨论

7.2.1 O₂ 在 UO₂ 表面的吸附

在所有吸附构型中,O_2 分子均在 0.16 ps 左右发生解离吸附,吸附能分布在 $-12.87\sim$ -12.76 eV,见表 7.1。如图 7.3 所示,O_2 分子解离为两个 O 原子,分别与桥位两端的两个 U 原子形成 U—O—U 键。通过观察,解离后的 O 原子趋向于吸附于桥位,表明桥位是 O 原子的最佳吸附位。

表 7.1 O₂ 分子在 UO₂ 表面不同位置的吸附能

吸附位	顶位	洞位	桥位
吸附能/eV	-12.76	-12.87	-0.87

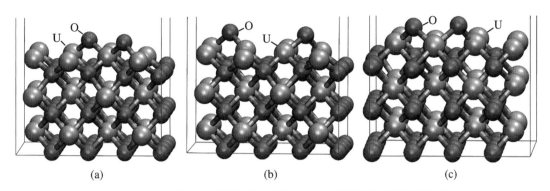

图 7.3　O₂ 分子在(a) 顶位、(b) 桥位和(c) 洞位解离吸附的稳定构型

图 7.4 是 O₂ 在顶位、桥位和洞位解离吸附后的径向分布函数,由图可以看出 O₂ 在 3 个位置上解离吸附后的 RDF 较为一致,这是因为二氧化铀是面心立方结构,O 原子在经过解离之后都吸附在桥位,其吸附位置不存在显著差异,与 U 原子间的成键具有相对较高的一致性。以初始吸附构型在桥位为例,其 RDF 分布主要呈 4 个峰,第 1 个峰在 2.3 Å 左右取到峰值 36,第 2 个峰在 4.5 Å 左右取到峰值。这表明 O 在桥位吸附后,U 和 O 之间的平衡核间距离为 2.32 Å,与实验测定的 U—O 键长 2.37 Å 相近,是离 O 最近的 U 的距离,4.5 Å 即离 O 第二邻近的 U 的距离。峰间概率密度是 0,即 O 原子吸附情况下所得 U—O—U 键十分稳定,没有键的断裂。

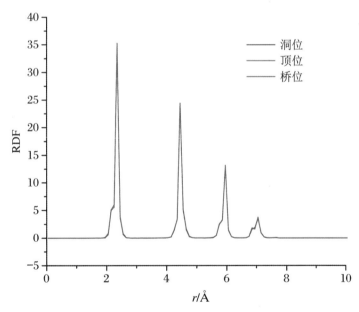

图 7.4　O₂ 分子解离吸附径向分布函数

以上分析表明 O₂ 在 UO₂ 表面没有特定的吸附位置,解离吸附后的结构都很稳定,与吸附的初始构型无关。

为了能够系统性地探究各原子的微观作用,对稳定吸附构型的分波态密度展开深入分析,从而明确微观机理。

分波态密度的整体情况如图7.5所示,通过该图我们能够明确 U 原子端清洁表面所对应的分波态密度。O_2 分子在 UO_2 表面解离吸附时,其对应的分波态密度信息具体参考图7.5(b),分波态密度信息绝大部分处于费米能级附近。通过比较分析,我们能够明确 U 原子各轨道所对应的电子状态。5f 和 6d 轨道电子态前后产生了一定改变。此外,5f、6d 峰峰宽增大,这表明 5f、6d 电子所表现出的离域性出现了明显增强。在 $-8\sim4.5\,eV$ 的能级区间内出现了杂化现象,其中 5f、6d 电子峰拓宽约 0.5 eV。另外,在 $-1\sim2.3\,eV$ 的能级区间中,U 原子的 6d 峰值相应减小,在 $3\sim5\,eV$ 的能级区间中,U 原子的 5f 峰值大幅度减小,这说明在这两个能级区间中,6d、5f 和 2p 轨道电子发生杂化。除此之外,在成键的过程中电子出现了转移的情况。综合 Bader 电荷计算,表面的 O 原子在经过吸附之后总共获得 1.16 个电荷,与之成键的 U 原子总共丢失 1.59 个电荷。

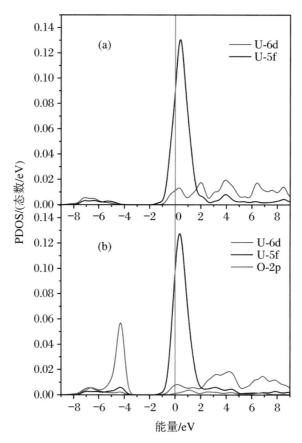

图 7.5　O_2 分子在 $UO_2\{001\}$ 面吸附前后的分波态密度
(a) 吸附前 $UO_2\{001\}$ 面的分波态密度;(b) O_2 分子在表面稳定吸附后的分波态密度。

7.2.2　H_2O 在 UO_2 表面的吸附

事实上,构建 H_2O 分子吸附初始构型期间,在所有位置上 H_2O 分子往往用 O 端来吸附。经过 7 ps 的计算后,H_2O 分子约 0.2 ps 在桥位出现解离,吸附能为 $-3.13\,eV$,0.72 ps 左右在洞位发生解离,吸附能为 $-3.02\,eV$,在顶位发生分子吸附,吸附能为 $-0.87\,eV$。吸附情况如图 7.6 所示,验证了 H₂O 分子更倾向于在桥位和洞位发生解离吸附。

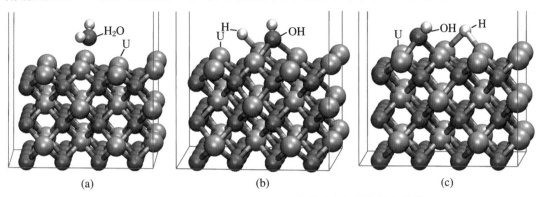

图 7.6　H₂O 分子在(a) 顶位、(b) 桥位和(c) 洞位解离吸附

吸附能见表 7.2,表明 H₂O 分子不倾向于在顶位发生解离吸附,更倾向于在桥位和洞位发生解离吸附。关于两类解离吸附构型,H₂O 分子解离形成 OH 与 H 原子,所形成的 H 原子与 U 原子可构成 U—H 键,OH 大多吸附在桥位,可与 U 原子形成 U—OH—U 键,这表明和 H 原子相比,O 原子在 UO₂ 表面存在更强亲和力。

表 7.2　H₂O 分子在 UO₂ 表面不同位置的吸附能

吸附位	顶位	洞位	桥位
吸附能/eV	-0.87	-3.02	-3.13

H₂O 分子在顶位、桥位和洞位解离吸附后 U—O 键的径向分布函数如图 7.7 所示。和 O₂ 分子解离吸附的 RDF 相似,U—O 键在 3 种吸附位上的 RDF 高度一致。U 和 OH 中的 O 原子的平衡核间距也为 2.3 Å,在 4 个峰之间的概率密度为 0,表明 U—OH—U 键也很稳

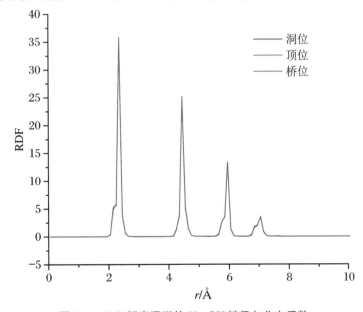

图 7.7　H₂O 解离吸附的 U—OH 键径向分布函数

定,没有键的断裂与生成。但 U—H 键是不稳定的,通过分子动力学模拟的运动轨迹可以看出,H_2O 解离产生的 H 原子被表面的 U 原子捕获,不断地与表面的 U 原子成键再断键。H_2O 分子在桥位和洞位解离吸附后 U—H 键的径向分布函数如图 7.8 所示,从图中可以看出,与 U—OH 键的 RDF 相比,U—H 键的 RDF 第 1 个峰的峰值较低,且每个峰之间都有一定的概率密度分布,表明 U—H 键不如 U—OH 键稳定。

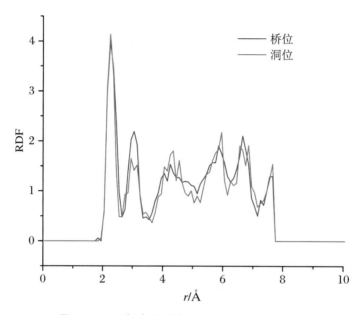

图 7.8　H_2O 解离吸附的 U—H 键径向分布函数

为了分析 H_2O 分子在 UO_2 表面解离吸附成键特征,本小节对 H_2O 分子在桥位解离吸附的分波态密度进行了计算,详情参见图 7.9。由图 7.9 可以看出,在 -5 eV 能级左右,U 原子的 5f 轨道电子的峰值增大,在 -4 eV 能级左右,U 原子的 6d 轨道电子的态密度与 OH 的态密度重合,验证了解离所得 OH 和 U 原子存在极强成键作用。对于 U 原子而言,5f、6d 峰值减小的幅度并不大,峰宽扩展的程度相对较小,这说明电子转移并不多,表明 U 原子相关氧化态低于 O_2 分子的稳定吸附体系。

为更深入分析 H_2O 分子吸附特征,分别对解离吸附体系和分子吸附体系的差分电荷密度进行了计算分析。如图 7.10 所示,图 7.10(a)是 H_2O 分子在桥位解离吸附后的差分电荷密度,图 7.10(b)是 H_2O 分子在顶位吸附的差分电荷密度,图中黄色部分表示电荷密度增加,青色部分表示电荷密度减小。通过图例分析可知,电荷转移主要发生在 O 原子、H 原子和邻近的 3 个 U 原子附近。在图 7.10(a)中,H_2O 分子解离形成 1 个 OH 与 H 原子,H 原子从与其邻近的两个 U 原子得到 1.1 个电荷,U 原子失去 0.54 个电荷。这与 2.3.2 小节中的情况相似,H 原子与 H_2O 分子相对较近时,其通常会对 H 原子发挥吸引作用,从而顺利成键,提高 H_2O 分子的解离速率,并在这个过程中形成 H_2。在图 7.10(b)中,H_2O 分子周围的电荷分布逐步朝着 O 原子一侧不断聚集,除此之外,H 原子远离 O 原子的部分所对应的电荷密度大幅度降低,对于最邻近的 U 原子而言,其靠近 O 原子一侧的部分电荷密度也出现了一定下降,此外,次邻近 U 原子与 O 原子相对较近的部分核心指标提升,这说明其出

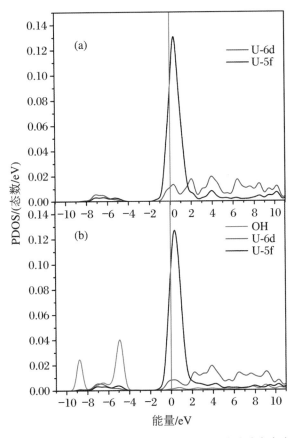

图 7.9　H₂O 分子在 UO₂ {001} 面吸附前后的分波态密度

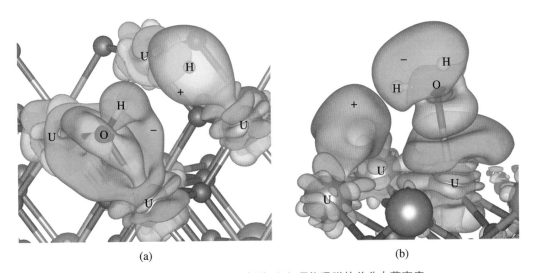

图 7.10　H₂O 分子在(a) 桥位、(b) 顶位吸附的差分电荷密度

现了彼此吸引的情况。差分电荷密度图所对应的等值面相对较小,这说明 H_2O 分子与 U 原子所产生的力并不大。结合 Bader 电荷分析,H 原子失去 0.61 个电荷,O 原子得到 1.23 个电荷,与 H_2O 分子邻近的 U 原子失去 0.16 个电荷。

7.2.3 O_2 和 H_2O 在 UO_2 表面的共吸附

在实际环境中,UO_2 表面的氧化腐蚀绝大部分情况下是环境气氛中的各类因素导致的。若想延缓乃至消除这个问题,需要注意各类影响因素,尤其一些直接影响因素。结合实际情况来看,最具代表性的当属 O_2 与 H_2O 分子。按照研究结果可知,前者能大幅增强 UO_2 所遭受的腐蚀作用,因此本小节围绕 UO_2 表面各 O_2 与 H_2O 分子共吸附层面进行分析,接着分析 O_2 分子促进 UO_2 表面腐蚀机理。为综合分析 O_2 分子对 H_2O 分子的解离吸附作用,选择在 UO_2 表面 3 种高对称性位置加入 O_2 与 H_2O 分子,由于前者在 UO_2 表面所表现出的解离成键能力比较理想,因此此处只需要考虑 H_2O 分子位置发生的改变,其他方面不必进行过多探讨。

通过 7 ps 的模拟计算,在 3 种吸附构型中,O_2 分子通常情况下在 0.12 ps 附近出现解离吸附的情况,它与桥位两端的 U 原子成键,和表面 O_2 分子解离吸附十分类似,表明 H_2O 分子不会对其解离吸附造成任何显著影响。此外,在 O_2 分子解离吸附之后,O 原子在通常情况下会受到 H_2O 分子的影响,导致其与最初的吸附位出现严重偏离,但 O_2 分子会对 H_2O 分子解离吸附造成显著影响。图 7.11 着重表明两者共吸附期间的解离状态。结合图例,如

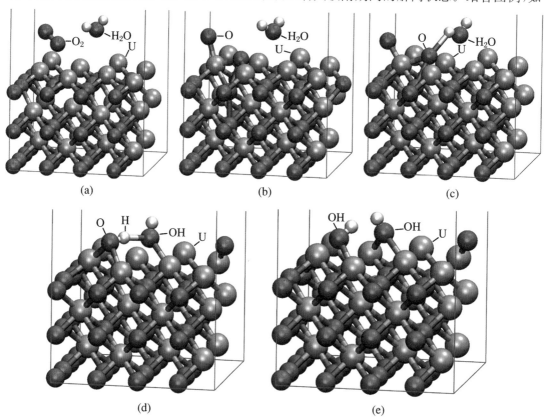

图 7.11 O_2 分子和 H_2O 分子在 $UO_2\{001\}$ 面桥位共吸附的顺序解离过程

果 O₂ 分子和 H₂O 分子所对应的初始距离相对较近,那么 O₂ 分子解离吸附后得到的 O 原子能够与 H₂O 分子中的 H 原子产生相互作用,使 H 原子与 H₂O 分子中的 O 原子断键,并产生两个 OH。另外,如果 O₂、H₂O 分子初始距离很远,那么两者不会发生相互作用,H₂O 分子解离后产生的 H 原子在表面运动的过程中与 O₂ 分子解离后的 O 原子成键形成 OH。与单独解离吸附的情况相比,我们能够发现 O₂ 分子很大程度上加快了 H₂O 分子的解离过程,这与实验得到的结果具有较高的一致性。在对各吸附构型的结果展开比较之后,我们能够发现 O₂ 分子和 H₂O 分子的初始距离相对较近,H₂O 分子进行解离的速率就相对较快。所以如果距离相对较小,那么两个分子之间的相互影响就比较明显,促进作用就会得到进一步增强。

为了系统性地探究上述反应的微观机理,对吸附过程中表面原子的分波态密度进行了计算,分波密度如图 7.12 所示。图 7.12 中选取了与 H₂O 分子反应过程中的 O 原子、H₂O 分子内的 O 原子与 H 原子。从图中可以看出,H₂O 分子中 H 原子的 1s 轨道电子所对应的态密度出现了两个峰,但 O 原子的 2p 轨道电子态密度在 −7.5 eV、−9.5 eV 和 −5 eV 附近形成 3 个峰,并与 1s 轨道电子态密度出现高度重叠的情况。O₂ 分子在解离后能够产生 O 原子,此时 2p 轨道电子在 −4 eV、−7.5 eV 和 −9.5 eV 附近形成 3 个峰,在 −7.5 eV 和 −9.5 eV 处与 H 原子的 1s 轨道电子态密度彼此重叠,与 H₂O 分子内的 H 原子彼此影响。另外,O 原子在 −4 eV 处的峰值相对较高,这说明 O 原子的 2p 轨道在 −4 eV 处会产生相对较多的电子,在与 H₂O 分子相对较近时,它有较大的概率和 H 原子进行反应,将电子给 H 原子,形成两个 OH。结合 Bader 电荷分析,在吸附过程中,孤立的 O 原子得到 1.23 个电荷,此时 O 原子总共获得 1.1 个电荷,而 H 原子减少了 0.54 个电荷,与 O 原子成键的 U 原子失去 2.25 个电荷,与 H₂O 分子邻近的 U 原子失去 1.7 个电荷。

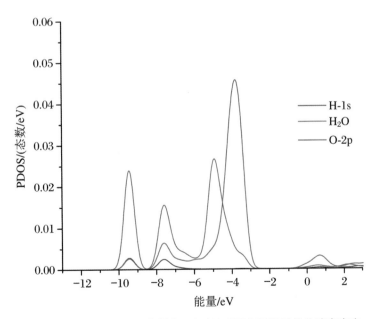

图 7.12　O₂ 分子和 H₂O 分子在 UO₂{001} 面共吸附时的分波态密度

为了综合分析 O_2、H_2O 分子共吸附时电荷转移情况,本小节深入分析两者的差分电荷密度。结合图 7.12 进行分析,电荷的转移主要发生在 OH 中的 O 原子和 H 原子、孤立的 O 原子和 U 原子附近。在 H_2O 分子与 O 原子产生相互作用之前,O 原子周围电荷密度增大,邻近的两个 U 原子电荷密度减小,结合 Bader 电荷计算,O 原子得到 1.23 个电荷,U 原子失去 2.25 个电荷。在 H_2O 分子附近,H 原子周围电荷密度减小,H 原子失去 0.54 个电荷,O 原子周围电荷密度增大,得到 1.1 个电荷,邻近的 U 原子附近电荷密度大幅度降低,U 原子总共丢失 1.7 个电荷。从图 7.13(b) 中可以看出,H 原子从 H_2O 分子中脱离,朝 O_2 分子解离所得 O 原子运动,而 H_2O 分子失去 1 个 H 原子产生 OH,O 端与 U 原子相互作用,U 原子周围电荷密度减小,O 原子周围电荷密度增大,O 原子与 H 原子成键形成 OH。H_2O 分子与 O 原子反应得到 2 个 OH,H 原子失去 0.58 个电荷,O 原子得到 1.26 个电荷,原 H_2O 分子中的 O 原子得到 1.17 个电荷,O 原子邻近的 U 原子失去 2.2 个电荷,H_2O 分子邻近的 U 原子失去 1.83 个电荷。电荷转移代表 H 原子与 O 原子产生 OH 时,O 原子从 U 原子周围得到的电荷减少,而 H_2O 分子形成的 OH 中的 O 原子从 U 原子中得到更多的电荷,相互作用增强。

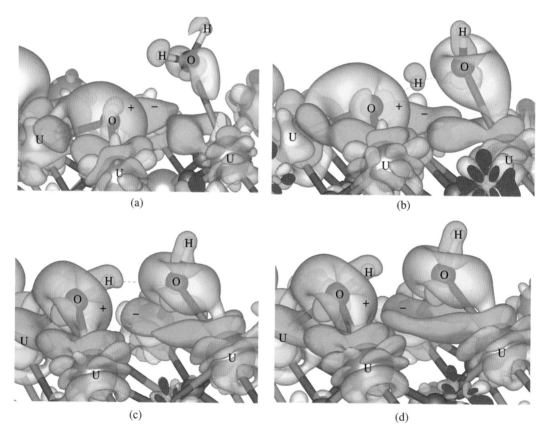

图 7.13　O_2 分子促进 H_2O 分子在 UO_2{001}面解离吸附过程中的差分电荷密度

通过全面研究不同原子成键与电荷转移状况,我们可以看到,O_2 分子解离为两个 O 原子后,O 原子从邻近的 U 原子的 5f 轨道得到电荷,并且多于 H_2O 分子内 O 原子的电荷。O、H 原子发生相互作用,H_2O 分子失去 1 个 H 原子,O 原子得到 1 个 H 原子,形成两个 OH,体系达到稳定状态。

7.3　吸附机理分析

通过前面的分析,初步明确了 O_2 分子促进 H_2O 分子解离的过程,在此对反应过程中的微观机理进一步分析。当 O_2 分子和 H_2O 分子在表面共存时,由于 O_2 的活性更高,率先发生解离,解离后的 O 原子从 U 原子获得 1.23 个电荷。当 H_2O 分子靠近解离后的 O 原子时,H_2O 分子中的 H 原子被 O 原子吸引,H_2O 分子从 O 原子获得 0.58 个电荷,同时 H 原子脱离 H_2O 分子并与 O 原子成键,该过程产生两个 OH 和 1 个 O 原子吸附在表面上,如图 7.14 所示。

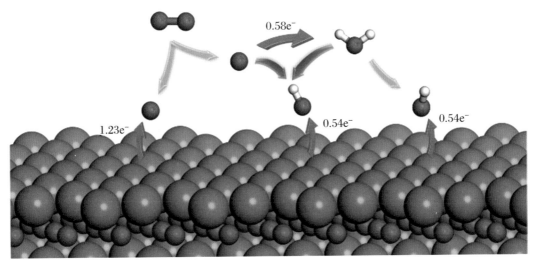

图 7.14　O_2 分子促进 H_2O 分子在 UO₂{001}面解离吸附

本 章 小 结

本章采用 AIMD 方法,综合分析了在 UO₂{001}面上 O_2 与 H_2O 的吸附行为。主要工作和结论如下:

首先,分析了 O_2 分子的吸附行为。研究发现,由于 UO₂ 是面心立方结构,因此即使 O_2 分子在表面上不同的位置解离,解离后 O 原子也均吸附在 U 原子端的桥位上,其吸附能、径向分布函数、分波态密度和差分电荷密度均保持高度一致。

其次,分析了 H_2O 分子的吸附行为,指出其倾向于在桥位、洞位解离。H_2O 分子解离后的 H 原子获得足够多的电荷,易与 H_2O 分子内的 H 原子成键产生 H_2 分子。

最后,分析了两者共吸附行为,探讨 O_2 促进 H_2O 解离吸附的具体机制。O_2 分子优先解离为 O 原子后,从周围的 U 原子得到较多的电荷,吸引 H_2O 分子内的 H 原子脱离并与其成键,促进 H_2O 在 UO_2 表面的氧化腐蚀。

第4篇　铀合金表面吸附行为

　　铀合金化的目的在于细化晶粒、消除各向异性和提高强度,以提升其机械加工性能,同时合金化还能削弱其化学活性,起到抗腐蚀的作用。铀合金可分为三类:一是添加少量合金元素以促进晶粒细化的低温相,二是添加适量合金元素以稳定部分或全部立方结构的高温相,三是添加合金元素后形成金属间化合物的弥散相合金。铀合金在军事和民用领域都具有非常重要的应用,已经成为当前核材料研究中的重要组成内容。

第 8 章　U-12.5%(at)Nb 合金的晶体结构研究

准确确定铀铌合金的晶体结构是研究其物理化学性质的基础和关键。目前,通过实验手段,对铀铌合金晶体结构形式的认识已基本清晰,但更为详尽的微观结构参数和相关的理论研究尚未见公开的研究报道。

为了得到 U-12.5%(at)Nb 合金的晶体结构参数,并在此基础上研究其表面吸附机理,本章采用基于第一性原理的结构弛豫方法,对 U-12.5%(at)Nb 合金的晶体结构形式和晶格常数进行计算。

8.1　计算细节与参数设置

本章所有计算均采用 VASP 软件完成。对于 DFT 计算,有必要给出尽可能详尽的计算细节。本节中所列为贯穿本章所有计算的通用计算设置,某一部分计算中不同于其他的计算细节将会单独说明。

8.1.1　基组、赝势和泛函

波函数 $\psi_i(r)$ 使用平面波基组展开。

采用 PAW 方法确定赝势。

泛函的选择对 DFT 计算非常重要,不合适的泛函有时会导致错误的结果。经过比较,本章选择 RPBE-GGA 泛函,因为本章涉及大量表面吸附计算,而 RPBE 泛函相比于 PW91 和 PBE 泛函,能够显著改善对化学吸附的描述。

8.1.2　k 空间的积分

本章中涉及的所有计算均使用 Monkhorst-Pack 方法选取 k 点,并对所有模型的 k 点选取进行了收敛性测试,以保证采取了足够多的 k 点,获得良好的收敛结果。

在金属中,由于布里渊区可以分为电子已占满和未占满两个区域,因此 k 空间的积分变得非常复杂。为解决这一难题,需要采取其他有效的计算方法。最为著名的两个方法是四面体方法(tetrahedron method)和模糊化方法(smearing method)。这里不对两种方法的细节进行阐述。本章在计算总能和态密度时,采用 Blöchl 修正过的四面体方法;计算其他诸如结构弛豫、过渡态搜寻等时,为保证获取精确的力,采用 Methfessel 和 Paxon 提出的模糊化方法。

8.1.3　几何结构优化方法

几何结构优化的过程就是寻找最低能量构型的过程:通过调节晶胞结构和原子位置,使体系的总能最小化。常用的数值方法是准牛顿法(qusai-Newton method)和共轭梯度法(conjugate-gradient method)。准牛顿法收敛速度快,但不能保证收敛的方向,有时会给出错误的结果,适用于初始结构与真实结构较为相近的情况。共轭梯度法是一种更为强大且稳健的算法,能够可靠地给出能量最小时的构型。因此本章涉及几何结构优化的部分均采用共轭梯度法来搜索能量最小值。

8.1.4　关键参数设置

(1) 截断能(ENCUT)。经过收敛测试,本章所有计算中截断能均为 520 eV。

(2) 精度(precision)。选取"Accurate"。

(3) 展宽(SIGMA)。使用一阶 M-P 模糊化方法时,展宽设为 0.1 eV。

(4) 收敛准则。能量收敛终止的条件为能量差小于 1×10^{-6} eV,几何优化采用力作为收敛准则,当力小于 0.01 eV/Å 时,即认为优化结束。

(5) 忽略自旋极化。结合参考文献,经过测试,电子的自旋可以忽略。

(6) 忽略电子强关联效应。在金属相的铀中,5f 电子的关联效应不明显,这一点在合金相中也得到了验证。

(7) 对表面模型(切片超胞模型)进行偶极修正,消除由于表面模型的不对称而产生的非零偶极子。

8.2　Nb 原子在 γ-U 中掺杂形式的确定

实验发现,铌元素在被掺入金属铀中后,铌原子在晶格中占据的是铀原子的晶格位,即铌原子的掺杂形式为替代掺杂。为给下一步计算铀铌合金的晶体结构形式提供理论依据,本节从理论计算的角度对该问题进行研究。

铌原子在高温下与处于 γ 相的铀能够很好地互溶,而在 α 相和 β 相的铀中可溶性较低。因此铀铌合金的制备是在高温下的 γ-U 中加入铌元素,然后通过快速冷却,经历一系列相变后,制成合金相。于是首先需要明确铌原子在 γ-U 体心立方晶格中的掺杂形式,然后利用 α 相铀的晶体结构获得 α″相 U-12.5%(at)Nb 合金的晶体结构和晶格常数。

8.2.1　金属铀晶体结构参数的计算

α 相与 γ 相 U 的晶体结构如图 8.1 所示,α-U 为正交结构,γ-U 为体心立方结构,小球代表铀原子,a、b、c 和 y 均为晶格常数。计算中,k 点设置为 $21\times21\times21$,两种结构的晶胞均简化为单胞(primitive cell)的形式,得到计算结果后,再将单胞转换为晶胞(conventional cell),晶格常数描述的是晶胞的形状和大小。经过计算,对于 α-U,晶格常数为 $a = 2.814$ Å, $b = 5.821$ Å, $c = 4.925$ Å, $y/b = 0.100$,每个原子所占体积为 $V = 20.167$ Å³,实验数据为 $a = 2.844$ Å, $b = 5.867$ Å, $c = 4.932$ Å, $y/b = 0.102$, $V = 20.535$ Å³。对于 γ-U, $a = 3.437$ Å, $V = 20.247$ Å³,实验数据为 $a = 3.47$ Å, $V = 20.89$ Å³。结果显示,本章采用 PAW 方法和 RPBE-GGA 泛函得到的计算结果与实验数据吻合得很好。

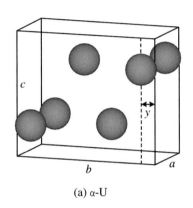
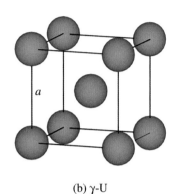

(a) α-U　　　　　　　　　　　　　　　　(b) γ-U

图 8.1　α 相和 γ 相铀的晶体结构

进一步对态密度进行计算分析,可以直观地给出电子态的特征,深入研究原子间的相互作用。如图 8.2 所示,6s 和 6p 电子离原子核较近,能量远低于费米能级,不属于价电子,不参与成键。这同时也说明本节所用方法中铀的 PAW 赝势将能量高于 6s 的电子视为外层电子(离子实外层电子)是合理并且充分的。对 α 相和 γ 相的铀,在费米能级附近,5f 电子均处于支配地位,活性最强,且 γ-U 的 5f 电子态集中分布的能量区间高于 α-U;6d 和 7s 电子的能量比 5f 略低,但电子态仍分布在费米能级两侧,具有较高的活性。可见,7s、6d 和 5f 电子是 α 相和 γ 相的铀中最为活跃的电子,在化学反应中易参与化学键的形成。

8.2.2　铌原子在 γ-U 中可能的掺杂形式

通过计算确定了 γ-U 的晶体结构和晶格常数之后,对于体心立方的结构而言,高对称点有三个,这三个点也就是铌最有可能的掺杂位置。这三个高对称点分别是铀原子所在位置(替代掺杂)、四面体中心位置和八面体中心位置。铌原子的对应三种掺杂形式分别是:

(1) 替代掺杂,替换一个铀原子;

(2) 四面体中心空位掺杂,如图 8.3(a)所示,位置点 T 为四面体 ABCD 的中心,T 位于 {001} 面 BCFE 上,与点 A 和点 D 的距离相等;

(3) 八面体中心空位掺杂,如图 8.3(b)所示,位置点 O 为八面体 ABCFED 的中心,T 同时也是 {001} 面 BCFE 和 {110} 面 ACDE 的中心点。

作为对比,将 γ-U 的点缺陷情况一并考察,点缺陷定义为晶格中去掉一个铀原子形成空穴缺陷。

计算时,为充分考虑单个铌原子的掺杂效应,基于以上计算所得 γ-U 的晶胞结构,建立 3×3×3 超胞模型,含有 54 个晶格位(亦即 U 原子数目),如图 8.4 所示。k 点设置为

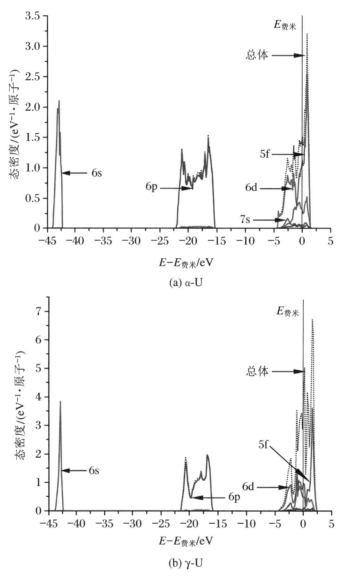

图 8.2　金属铀体相铀原子的分波态密度

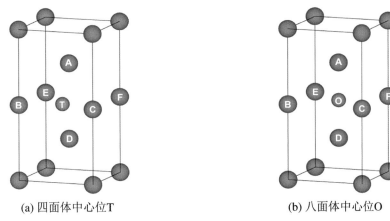

(a) 四面体中心位T　　　　　　　　　　(b) 八面体中心位O

图 8.3　铌原子在 γ-U 中的掺杂构型

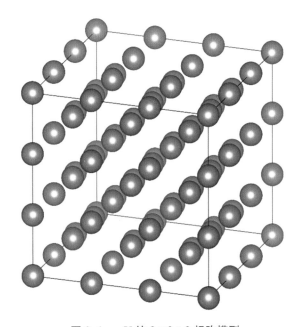

图 8.4　γ-U 的 3×3×3 超胞模型

$9\times9\times9$。利用该模型分别建立点缺陷、替代掺杂、四面体中心位掺杂和八面体中心位掺杂的超胞模型,通过结构弛豫优化,得到四种缺陷或掺杂形式的稳定构型,进而通过对比其形成能,从热力学角度进行分析。本节采取的计算参数设置比相关文献中更为精确,以期获得更为准确的结果。

将处于基态的单个隔离原子的能量视为零点,定义点缺陷(single vacancy)的形成能 E_v 为

$$E_v = E_{(n-1)U} - \frac{n-1}{n}E_{nU} \tag{8.1}$$

其中 $E_{(n-1)U}$ 为超胞模型(含有 n 个铀原子)中失去一个铀原子后达到平衡状态后的能量,E_{nU} 为超胞模型的总能量,模型中去掉一个铀原子代表一个点缺陷。

铌原子替代掺杂(substitutional doping)的形成能 E_s 定义为

$$E_s = E_{(n-1)U+Nb} - \frac{n-1}{n}E_{nU} - E_{Nb} \tag{8.2}$$

其中 $E_{(n-1)U+Nb}$ 为 $n-1$ 个铀原子与替代掺杂的铌原子形成稳定结构的能量,E_{Nb} 为铌体心立方稳定晶体结构中单个铌原子的能量(经计算,bcc-Nb 的晶格常数为 3.309 Å)。

铌原子空位掺杂(interstitial doping)的形成能 E_I 定义为

$$E_I = E_{nU+Nb} - E_{nU} - E_{Nb} \tag{8.3}$$

其中 E_{nU+Nb} 为 n 个铀原子与空位掺杂的铌原子形成稳定结构的能量。

8.2.3 计算结果

对点缺陷、替代掺杂及两种空位掺杂的情形分别进行结构弛豫计算并计算弛豫后结构的总能。点缺陷的形成能为 1.323 eV,差分电荷密度如图 8.5 所示,中心缺陷(图中心处)附

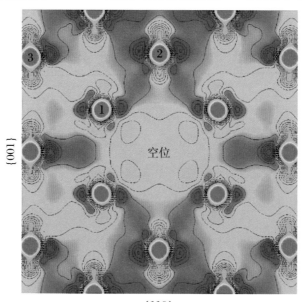

$\{110\}$

图 8.5 在 γ-U 中形成点缺陷后$\{110\}$面的差分电荷密度

近的电荷密度显著降低,离中心缺陷最近的 U 原子(例如 1 号 U 原子)靠近缺陷,移动了 0.098 Å,而离中心缺陷次近的铀原子(例如 2 号铀原子)远离缺陷,移动了 0.14 Å。结构弛豫造成密堆积方向(如 1→3)的电荷密度明显降低,而在另一方向(如 1→2)上变化相对较小。

　　一个铌原子替代一个铀原子(替代掺杂)的形成能为 0.35 eV,一个铌原子在四面体中心和八面体中心处空位掺杂的形成能分别为 2.12 eV 和 2.53 eV。三种情形的结构弛豫情况和差分电荷密度如图 8.6 所示,图(a)为铌原子替代掺杂的情况;图(b)为铌原子位于四面体中心位置的情况;图(c)为铌原子位于八面体中心位置的情况。电子分布的变化程度依次(替代位→四面体中心位→八面体中心位)增大,这与三种情形中原子的位移大小相对应。

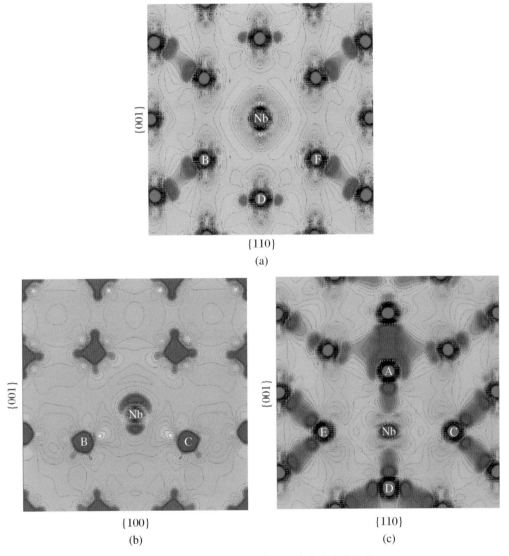

图 8.6　铌原子在 γ-U 中掺杂后的差分电荷密度

　　铌原子替代掺杂时(图 8.6(a)),距离最近的铀原子(例如 B、F)向外(以铌原子为参照,下同)移动了 0.10 Å,次近的铀原子(例如 D)向内移动了 0.08 Å;铌原子四面体中心位掺杂时(图 8.6(b)),距离最近的铀原子(例如 B,C)向外移动了 0.59 Å,次近的铌原子(图中未标示)向外移动了 0.23 Å;铌原子八面体中心位掺杂时(图 8.6(c)),距离最近的铀原子(例如 A、D)向外移动了 0.74 Å,次近的铀原子(例如 E、C)向外移动了 0.53 Å。

综合比较三种铌原子掺杂方式铀原子的位移和电荷转移,可见当铌原子替代掺杂时,铀原子较原来位置移动的距离最小,此时电荷转移的程度是最微弱的,形成能也是最小的。

根据形成能的计算结果,铌原子在热力学上更倾向于在 γ-U 中替代掺杂。R. A. Vandermeer 的实验结果表明,U-6%(wt)Nb 合金在温度高于 600 K 时的稳定结构为体心立方结构,即 γ 相,本节的计算结论与实验结果相吻合。

8.3　U-12.5%(at)Nb 合金的晶胞结构

实验研究已经表明,U-12.5%(at)Nb 合金在高温下为体心立方结构,将其冷却时会发生一系列相变。在约 570 K 时,γ 相变为奥氏体 γ^0 相,晶胞呈正交结构;在 450~370 K 时,合金进一步转变为马氏体 α'' 相,晶胞呈单斜结构。研究表明,由奥氏体(γ 相→γ^0 相)向马氏体(α'' 相)的转变过程非常迅速。对于 U-12.5%(at)Nb 合金,相变过程中,晶胞 γ 角增大(>90°),晶体结构从正交结构变为单斜结构。

由此可见,从晶格结构上来说,在冷却过程中铀铌合金 α'' 相结构的形成过程与单质铀 α 相结构的形成过程是类似的,这也是 α'' 相名称的由来。因此可以利用单质铀 α 相的晶体结构形式和晶格常数来研究 α'' 相铀铌合金的晶胞结构。具体方法是将 α-U 中的某个铀原子替换为铌原子(8.2 节结论),然后进行第一性原理结构弛豫计算,最终得到铀铌合金的晶胞结构。由于 U-12.5%(at)Nb 中两种原子的数量比为 U∶Nb = 7∶1,而 α-U 晶胞(原胞,conventional cell)中含有 4 个铀原子,因此取 2×1×1 α-U 超晶胞(图 8.7(a)),并将其中一个铀原子替换为铌原子(α-U 晶胞中的 4 个铀原子是等价的,替换没有差异性,如图 8.7(b)所示)。经过结构弛豫计算后得到稳定平衡态的晶体结构,即 U-12.5%(at)Nb 的 α'' 相结构。

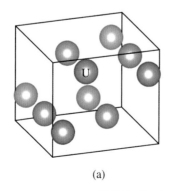
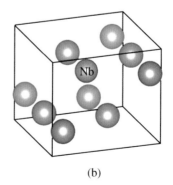

(a)   (b)

图 8.7　2×1×1 α-U 超胞及替代后的示意图

为减小 Pulay 应力的影响,在进行结构弛豫时截断能设为 780 eV(其他计算中仍为 520 eV)。计算得到的晶体结构如图 8.8 所示,晶格常数见表 8.1,本节计算结果与实验结果非常接近,表明研究方法是正确合理的,并且计算精度也是非常高的。

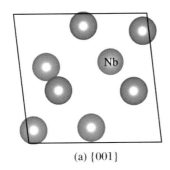
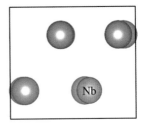

(a) {001}　　　　　　　　　　　　　　　　　(b) {100}

图 8.8　U-12.5％(at)Nb 的晶体结构计算结果

表 8.1　铀铌合金晶格常数计算结果与实验值

晶格常数	$a/\text{Å}$	$b/\text{Å}$	$c/\text{Å}$	$\alpha/°$	$\beta/°$	$\gamma/°$
计算结果	5.958	5.699	4.885	90	90	96.3
实验结果	5.840	5.708	4.955	90	90	93.9

注:实验针对的铀铌合金中铌含量约为 16％(at),由 X 射线衍射法测得。

与 $2\times1\times1$ α-U 超晶胞相比,晶胞结构发生了明显变化,主要表现为:

(1) 正交结构(空间群 Cmcm)转变为单斜结构(空间群 P11m);

(2) 晶胞体积从 161.335 Å^3 变为 164.831 Å^3,增大了 2.17％,表明铀铌合金密度有所降低。

国际空间群表示方法一般约定单斜晶体的唯一轴(unique axis)为 b,则图 8.8(a)的晶面指数应为{010},图(b)的晶面指数应为{001},晶格参数重新表示为

$$\begin{cases} a = 5.699 \text{ Å} \\ b = 4.885 \text{ Å}, \\ c = 5.958 \text{ Å} \end{cases} \begin{cases} \alpha = \gamma = 90° \\ \beta = 96.3° \end{cases}$$

对 U-12.5％(at)Nb 进行电子性质的计算,分析其态密度,可以进一步认识铀原子和铌原子之间的微观相互作用。分波态密度图如图 8.9 所示,横轴零点为费米能级,图中的铀原子是距离铌原子最近的铀原子,费米能级附近的电子态主要为铌原子的 4d 轨道电子与铀原子的 5f 轨道和 6d 轨道电子,三个轨道的电子态分布在相同的能量区间 −4～1 eV 内,铌原子与铀原子之间主要以金属键发生相互作用,铀原子的 5f 轨道电子态主要分布区域的能量高于铌原子的 4d 轨道,相比较而言,铀原子的 6d 轨道的电子态主要分布区域的能量最低。

通过差分电荷密度图可以进一步直观地观察铌原子与铀原子之间的相互作用情况。如图 8.10 所示,铌原子与周围铀原子之间出现了明显的电荷转移,铌原子与周围铀原子之间的区域电荷密度明显增大,而其他方向上的电荷密度相应减小,结合态密度分析中两个原子的分波态密度在费米能级附近体现出显著的电子离域性,进一步验证原子间的相互作用形

式为金属键。铌原子周围电荷增加的区域集中在铌原子与其他铀原子之间直线连接的区域,两个原子距离越近,电荷转移的程度越高。

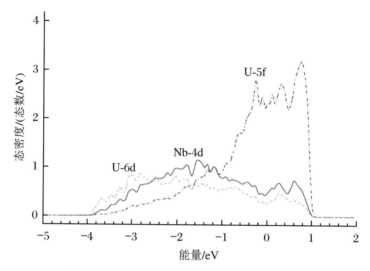

图 8.9　U-12.5%(at)Nb 晶胞的分波态密度图

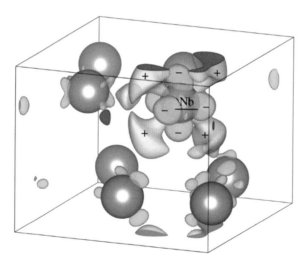

图 8.10　差分电荷密度三维视图

本 章 小 结

　　本章基于第一性原理的结构弛豫方法,确定了 U-12.5%(at)Nb 的晶体结构和晶格常数。

　　首先,确定了铌原子在 γ-U 中的掺杂形式,这是关键的一项内容。仅就原子尺寸而言,虽然铌和铀两种元素的原子量相差很大,但原子半径却比较接近(铀原子半径为铌原子半径的 1.047 倍),有利于二者互溶;高温时,二者均为体心立方结构,晶格参数也极为相近(bcc-

U 的晶格常数为 3.47 Å，bcc-Nb 的晶格常数为 3.30 Å）。仅从这两点推断，铌原子替代掺杂的可能性较大。本章对不同形式掺杂缺陷的形成能进行计算，从热力学角度得到的结论正是铌原子在 γ-U 中替代掺杂，对电子结构的分析进一步印证了这一点。

其次，确定了 U-12.5%(at)Nb 晶体结构的计算方法。通过分析单质铀和铀铌合金相变过程中晶格参数与原子位置的变化，发现可以通过将 α-U 中的某个铀原子替换为铌原子，进行结构弛豫，从而得到 U-12.5%(at)Nb 的晶体结构。本章的计算结果与实验研究的结果吻合，表明该方法是正确的。

最后，通过对 U-12.5%(at)Nb 的电子结构性质进行计算，分析了 U-12.5%(at)Nb 电子态的基本特征和轨道杂化情况。铌原子与铀原子之间的相互作用主要来自铌原子的 4d 轨道电子与铀原子的 6d 轨道和 5f 轨道电子之间的相互作用。

铀铌合金的平衡相和非平衡相都非常复杂，铌原子含量、热处理手段等因素都有极大的影响。因此，基于本书的研究方法和研究思路，仅针对一种在工程实践中得到广泛应用的铀铌合金作为研究对象，即 U-12.5%(at)Nb(U-5.28%(wt)Nb)。本书在后续行文中如不特别说明，所谓"铀铌合金"均指代 U-12.5%(at)Nb。

第9章 H₂ 在 U-12.5%(at)Nb 表面的吸附、解离和扩散

H₂ 是一种化学性质活泼的气体,由于 H 原子体积小、质量轻,极易在固体的表面和内部扩散,从而在表面腐蚀问题中受到关注。对于铀及铀合金材料,氢气或氢的来源主要是:水与材料表面反应生成氢气、材料制备过程中内部掺杂氢元素或周围环境中的有机物分解产生氢(或氢气)。铀的氢蚀问题得到了广泛而深入的研究,但对铀铌合金的氢蚀问题的研究主要集中在动力学和发生氢蚀后材料性能的变化等方面。铀铌合金与氢气之间反应的微观机理尚不明确,也未见系统的理论研究报道。

Nie 等人对氢气分子在 α-U{001}面的吸附、解离和扩散行为进行第一性原理研究,结果表明,氢气分子首先物理吸附于铀的表面,且稳定吸附构型为表面铀原子顶位平行吸附;发生解离后,两个氢原子分别吸附于表面两个相邻的洞位,解离势垒为 0.081 eV。刘智骁等人对 H、O、C 三种原子在 α-U{001}面的吸附与扩散特性进行了理论研究,发现三种原子最稳定的吸附位均为洞位,在表面扩散时,氧原子的扩散势垒最低,碳原子的扩散势垒最大;向次表面扩散时,碳原子和氢原子的扩散势垒较低,且有氧吸附时,碳原子更易向次表面扩散,表明金属铀易形成氧化层,而碳在次表面形成的富碳层可以对氧化起到抑制作用。

本章对氢气在 U-12.5%(at)Nb 表面的吸附、解离和扩散进行系统的理论研究,为进一步探索铀铌合金的氢化腐蚀规律提供基础理论支持。

9.1 计 算 方 法

9.1.1 表面切片超胞模型

根据上一章中计算出的 U-12.5%(at)Nb 的晶体结构,建立其表面切片(slab)超胞模型。α-U 的{001}面是原子排列密度最大的晶体表面,也是表面研究的重点,与之对应,选取 U-12.5%(at)Nb 的{010}面建立表面切片超胞模型。由于 U-12.5%(at)Nb 的晶胞对称性较差,具有两层不同的原子,因此对晶胞层数进行收敛性测试,通过分析表面能随晶胞层数的收敛情况,确定切片超胞模型所需的晶胞层数。如图 9.1 所示,建立 1、2、3、4 层晶胞组成的{010}面切片模型,真空层厚度均为 15 Å,分别进行结构弛豫,然后计算表面能,图中未标

示的原子为铀原子。

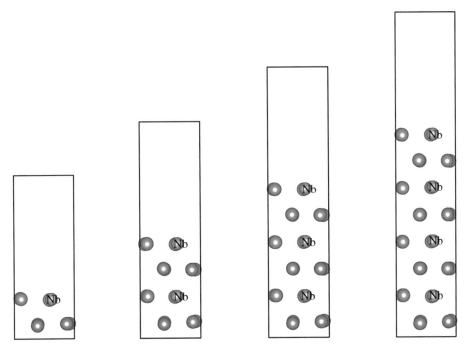

图 9.1　不同厚度的切片模型

固定切片超胞的体积,对每个切片超胞模型中的所有原子进行位置弛豫,计算结果显示,弛豫后四种切片模型均没有发生表面重构,沿真空层方向原子层间距的变化情况如表 9.1 所示。由表中数据可以看出,切片超胞模型弛豫后,表面原子层与次外层的距离均发生了一定程度的减小,而内部原子层间距均有小幅增大,说明表面原子有向内部收缩的趋势,而内部原子有向外膨胀的趋势。

表 9.1　切片超胞模型弛豫后层间距的变化

构型	d_{12}/d_0	d_{23}/d_0	d_{34}/d_0	d_{45}/d_0	d_{56}/d_0	d_{67}/d_0	d_{78}/d_0
1	-5.9407%						
2	-4.1289%	1.2435%	-2.3527%				
3	-3.8553%	0.8777%	0.2654%	0.6248%	-2.4208%		
4	-3.8148%	0.8964%	0.2697%	0.3335%	0.2063%	0.5799%	-2.3845%

通过分析表面能随原子层数的变化情况及原子的弛豫情况,确定最终的切片模型。表面能定义为

$$E_{\text{表面}} = \frac{E_{\text{切片}} - NE_{\text{体}}}{2A} \tag{9.1}$$

其中 N 为切片超胞中 U-12.5%(at)Nb 的晶胞个数,$E_{\text{切片}}$ 为含有 N 个晶胞的切片超胞的能量,$E_{\text{体}}$ 为体相 U-12.5%(at)Nb 单个晶胞的能量,$2A$ 为切片超胞上下总面积。图 9.2 为表面能计算结果,随着晶胞层数的增加,表面能很快收敛于 1.773 J/m^2,收敛度小于 0.0003 J/m^2。

综合考虑计算成本,本章选择3层切片模型作为研究吸附和解离问题的表面模型,并在后续计算时固定底部3个原子层。

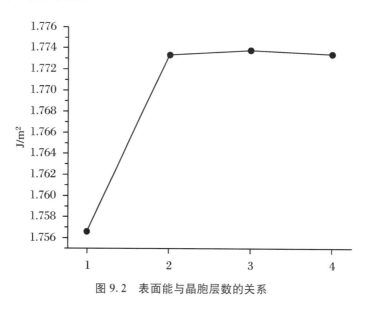

图 9.2　表面能与晶胞层数的关系

9.1.2　氢气分子初始吸附构型

在(1×1)切片超胞模型中放置氢气分子(表面覆盖度为 0.25 ML),研究其吸附性能。通常在表面的高对称位置来放置氢气分子,如顶位、桥位或洞位。通过试算,并结合相关文献对氢气分子在 α-U{001}面和 Nb{100}面的吸附计算结果,发现氢气分子在顶位平行于表面放置时更易吸附。计算中还发现,由于几何优化采用力作为收敛准则,且收敛值设置为 0.01 eV/Å,结合共轭梯度法作为优化算法,将氢气分子放置在桥位或洞位时,在优化得到的稳定吸附构型中,氢气分子最终均处于表面原子的顶部,因此本章重点研究氢气分子的顶位吸附构型。如图 9.3 所示,左图为表面和次表面原子层视图,右图为表面原子层视图,图中标示的 Nb、U1、U2 和 U3 为表面原子层相互独立的顶位原子,标示"1"的为铌原子,未标示的为铀原子。

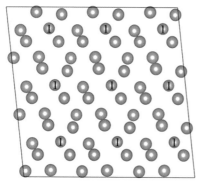 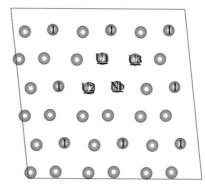

图 9.3　U-12.5%(at)Nb 表面吸附位置

氢气分子在顶位平行于表面放置时考虑两种相互垂直的初始吸附构型,两个氢原子与切片表面的垂直距离为 3 Å,如图 9.4 所示。吸附能定义为

$$E_{ads} = E_{切片} + E_{H_2} - E_{切片+H_2}$$

(9.2)

其中 $E_{切片+H_2}$ 是初始吸附构型进行结构优化计算后吸附体系的总能量,$E_{切片}$ 是清洁表面进行结构优化后的总能量,E_{H_2} 是游离态氢气分子进行结构优化后的能量。基于该公式,吸附能为正即表示该吸附构型是稳定的。计算该式右侧三个量时采用完全相同的参数设置。

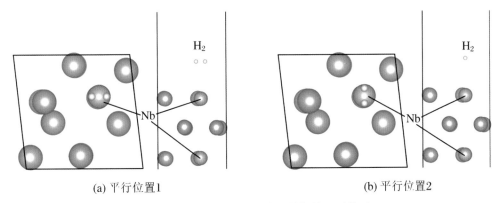

(a) 平行位置1　　　　　　　　　　　　　　(b) 平行位置2

图 9.4　氢气分子平行于表面的初始吸附构型

由于切片模型包括 6 层原子,因此本章在图中展示相关模型时,仅在图中展示靠近表面的 3 层或 2 层,甚或 1 层原子,以使结果的呈现更加清晰、明了,下同。

9.2　氢气在铀铌合金表面的吸附

9.2.1　吸附构型和吸附能

对 8 种初始吸附构型进行结构优化计算,氢气分子在 U-12.5%(at)Nb 表面的最终稳定吸附构型如图 9.5 所示,稳定构型与预期一致,氢气分子均稳定吸附在 Nb 原子或 U 原子的上方(低覆盖度情况下通常会出现的结果),且两种 H—H 键轴相互垂直的初始吸附构型优化后的稳定构型极为接近;氢气分子基本保持在与切片表面平行的平面内,并绕表面法线旋转了一定的角度,从最终稳定构型的几何结构角度可以认为氢气分子平行放置的方向对最终的稳定吸附构型没有影响。

观察切片模型的表面原子和底层原子,各原子的位移很小,而且原子相对位置没有发生改变,表明氢气分子的吸附对铀铌合金的表面和内部结构没有影响,也没有造成铀铌合金表面重构。我们知道,吸附稳定性主要取决于两种作用,一是氢气分子之间的相互作用,二是氢气分子与切片表面原子之间的相互作用。在本章研究模型的覆盖度(0.25 ML)下,氢气分子之间距离较大,相互作用很弱,吸附稳定性主要取决于氢气分子与切片表面 Nb 原子或 U 原子之间的相互作用强度。

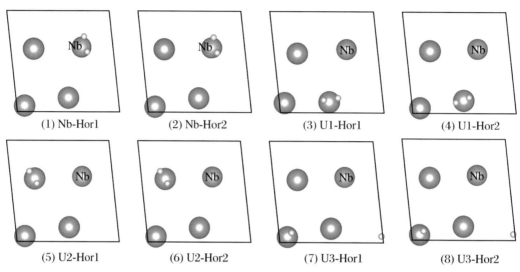

图 9.5 氢气分子在铀铌合金表面的稳定吸附构型

吸附能与稳定吸附构型的几何参数见表 9.2，φ 表示氢气分子 H—H 键轴与切片表面法线之间的夹角(取锐角)，代表氢分子在表面上的倾斜程度。通过分析吸附能和吸附构型的几何结构参数，可以确定氢气分子在铀铌合金表面能够形成稳定的物理吸附。当氢气分子在切片表面铌原子顶部吸附时，氢原子与铌原子和切片表面的距离均小于在铀原子顶部吸附的情形(二者相差 0.3 Å 以上)，已知铌原子和铀原子两者原子半径基本一致，表明氢气分子与铌原子的相互吸引作用更加稳固。氢气分子相对于切片表面基本呈平行状态，H—H 键长相对于游离态的氢气分子键长(0.746 Å)来说均有一定程度的伸长，且吸附于铌原子顶位时 H—H 键的伸长量(约 17%)明显大于吸附于铀原子顶位的情形(约 9%)，H—H 键轴与切片表面法线之间的夹角均大于 85°。对比不同稳定吸附构型的吸附能，可以发现，当氢气分子在切片表面铌原子顶部吸附时的吸附能(~0.22 eV)明显大于氢气分子在切片表面铀原子顶部平行吸附的情形(0.06~0.08 eV)，这与二者的几何结构特征是相吻合的。

表 9.2 氢气吸附于铀铌合金表面的吸附能和几何结构参数

	构型	吸附能 E_{ads}/eV	氢原子间距 R_{H-H}/Å	氢原子与最近表面原子距离 $h_{H-Nb/U}$/Å		氢原子与表面的距离 $h_{H-表面}$/Å		氢分子与表面法线的夹角 φ
Nb	Hor1	0.2200	0.8732	1.9739	1.9649	1.9300	1.8678	85.91°
	Hor2	0.2217	0.8732	1.9741	1.9648	1.9328	1.8782	86.42°
U1	Hor1	0.0623	0.8194	2.3055	2.2776	2.2534	2.2387	88.97°
	Hor2	0.0673	0.8148	2.3200	2.2858	2.2926	2.2382	86.17°
U2	Hor1	0.0777	0.8031	2.3626	2.3390	2.3443	2.2821	85.55°
	Hor2	0.0775	0.8034	2.3626	2.3386	2.3457	2.2798	85.30°
U3	Hor1	0.0660	0.8111	2.3511	2.3153	2.2897	2.2852	89.68°
	Hor2	0.0663	0.8112	2.3503	2.3154	2.2917	2.2830	89.39°

　　总体而言,当氢气分子靠近铀铌合金的表面时,一开始并未发生解离,而是能够以分子形态物理吸附于表面上,维系吸附物与表面之间的相互作用形式为范德瓦耳斯力,这与氢气分子在 α 相铀的{001}表面吸附的情况是一致的。作为对比,本章采用相同的参数设置和初始构型,对氢气分子在 2×1 α-U{001}面的吸附特性进行了对比计算。

　　氢气分子在 2×1 α-U{001}面(覆盖度同为 0.25 ML)上的吸附情形如图 9.6 所示,与氢气分子在 U-12.5%(at)Nb 表面的铀原子顶位的吸附结果基本一致,但氢气分子吸附于 U-12.5%(at)Nb 表面的铌原子顶部时,吸附能显著增大,吸附构型也更加稳定;同时,H—H 键长的伸长幅度表明,氢气分子键得到了相当程度的减弱,氢气分子与 U-12.5%(at)Nb 表面之间有较强的相互吸引作用。综合分析,在 U-12.5%(at)Nb 表面,氢气分子更易吸附在铌原子的顶部;相对于 α-U,氢气分子更易吸附在铀铌合金的表面。

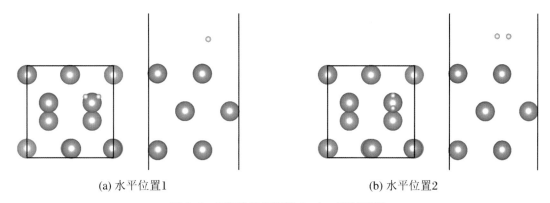

(a) 水平位置1　　　　　　　　　　　(b) 水平位置2

图 9.6　氢气分子吸附于 2×1 α-U{001}面

　　U-12.5%(at)Nb 表面原子吸附氢气分子后的弛豫效应见表 9.3,d_{12}^0 与 d_{23}^0 分别表示清洁表面弛豫后第一与第二原子层间距和第二与第三原子层间距。对于所有的稳定吸附构型,相对于清洁表面,吸附氢气分子后切片模型的第一与第二原子层间距有所增大,而第二与第三原子层间距增大幅度较小,这表明吸附物(氢气分子)对铀铌合金的表面有一定的排斥作用。同时可以看到,当氢气分子吸附于铌原子顶部时,铌原子的弛豫幅度更为明显,这主要是由铌原子比铀原子的质量轻造成的。

表 9.3　铀铌合金表面吸附氢气原子后的表面弛豫效应

构型		$(d_{12}-d_{12}^0)/d_{12}^0$	$(d_{23}-d_{23}^0)/d_{23}^0$
Nb	Hor1	6.0944%	1.5715%
	Hor2	6.2494%	1.6162%
U1	Hor1	2.7654%	0.1954%
	Hor2	2.7165%	0.2016%
U2	Hor1	2.6945%	0.2156%
	Hor2	2.7053%	0.1846%
U3	Hor1	2.7463%	0.1933%
	Hor2	2.7389%	0.2246%

9.2.2　功函数变化

功函数(work function)是指电子由费米能级跃迁到真空自由电子能级(动能为零的真空静止电子)所需要的能量(即逸出功)。功函数定义为

$$\varphi = E_{真空} - E_{费米} \tag{9.3}$$

其中 $E_{真空}$ 和 $E_{费米}$ 分别表示真空能级和费米能级。真空能级为相邻两个切片模型之间真空区域的平均势。吸附所引起的功函数变化可定义为

$$\Delta\varphi = \varphi_{吸附} - \varphi_{清洁} \tag{9.4}$$

其中方程右侧两项分别为吸附后表面和(吸附前)清洁表面的功函数。

本节计算的 U-12.5%(at)Nb 清洁{010}面的功函数为 3.494 eV(相同计算条件下,α-U 清洁{001}面的计算结果为 3.395 eV,实验结果为 3.47 eV)。氢气分子在 U-12.5%(at)Nb 表面吸附后体系的功函数的变化见表 9.4。

表 9.4　铀铌合金表面吸附氢气分子后功函数的变化

构型	Nb		U1		U2		U3	
	Hor1	Hor2	Hor1	Hor2	Hor1	Hor2	Hor1	Hor2
φ/eV	3.617	3.623	3.746	3.721	3.73	3.724	3.869	3.878
$\Delta\varphi$/eV	0.123	0.129	0.252	0.227	0.236	0.23	0.375	0.384

结果表明,在覆盖了氢气吸附层后,铀铌合金的表面功函数有了一定的增大。由于铀和铌的电负性分别为 1.38 和 1.59,而氢的电负性为 2.20,表面原子与吸附物的电负性差异较大,造成在吸附的过程中发生电荷的转移。对吸附后的体系进行 Bader 布居分析表明,切片模型表面铌原子或铀原子的电荷分布向氢原子方向有所聚集(例如,在 Nb-Hor1 中,两个氢原子分别获得 0.1279 和 0.1237 个电荷),从而形成由吸附物层指向吸附基底的表面偶极矩,这也是表面功函数增大的根本原因。对各构型的功函数变化进行比较分析,当氢分子吸附于铌原子顶部时,功函数变化较小;当其吸附于铀原子顶部时,功函数变化较大。进一步结合吸附能进行比较,功函数的大小变化与吸附能基本呈相反的趋势,即吸附能越大(氢气分子位于 Nb 原子顶部),吸附稳定性越好,功函数变化越小。造成这种现象的原因是当氢气分子吸附于铌原子顶部时,氢气分子距离表面更近,电荷转移引发的偶极矩更小,因此功函数变化也相对较小。

9.2.3　态密度分析

为进一步研究氢原子与铀铌合金表面原子之间的微观相互作用,对稳定吸附构型的态密度进行计算。选取 Nb-Hor2 和 U2-Hor1 两种构型进行对比分析,分波态密度如图 9.7 所示,图中选取了一个氢原子和距离其最近的铌原子或铀原子。

当氢气分子吸附于铌原子顶部时,氢气的分子轨道与表面铌原子的分波态密度信息如图 9.7(a)所示,二者的态密度信息主要分布在费米能级附近,图中同时显示清洁表面对应的分波态密度。通过对比清洁表面和吸附后两种情形铌原子各轨道的电子状态(5s 和 4p 轨道电子态前后变化并不明显,而 4d 轨道的电子态出现了微弱的尖峰变化,并与氢气分子的电

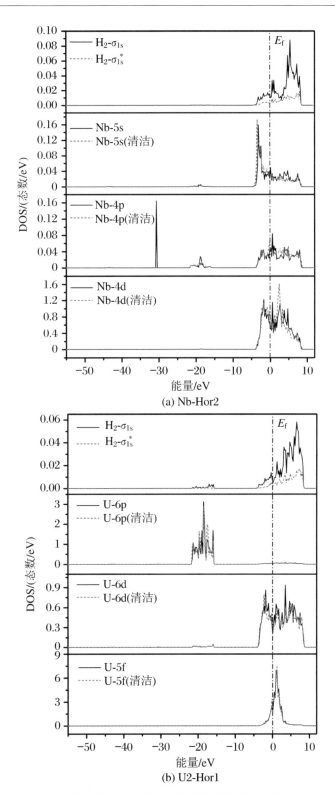

(a) Nb-Hor2

(b) U2-Hor1

图 9.7　氢气分子在铀铌合金表面吸附后的分波态密度

子态重叠),表明氢气分子与铌原子的主要作用为氢气分子的 σ_{1s} 轨道与铌原子的 4d 轨道之间的相互作用;同时也能看到,铌原子的 5s 轨道和 4p 轨道的电子态能量占据范围与 4d 轨道一致,表明 5s 轨道与 4p 轨道也参与了与氢气分子的相互作用,但作用程度更加微弱。

当氢气分子吸附于铀原子顶部时,氢气的分子轨道与表面铀原子的分波态密度信息如图 9.7(b) 所示,可以看到,二者的态密度信息主要分布在两个区间内,一是费米能级附近,二是 $-22 \sim -16$ eV 区间。但在 $-22 \sim -16$ eV 区间内,态密度并未出现明显的尖峰变化,因为可以认为在此区域内没有明显的相互作用,即铀的 6p 轨道与氢气分子之间几乎没有相互作用。而在费米能级附近,可以看到铀的 6d 和 5f 轨道电子态微弱的尖峰变化,并与氢气分子的电子态重叠,表明二者均参与了与氢原子的相互作用。通过对比,发现吸附前后铀的5f 轨道的电子态几乎没有明显变化,相对于吸附前的清洁表面,铀原子吸附氢气分子后分布在费米能级附近的 5f 电子有一定的减少,说明部分 5f 电子参与了成键,但氢气分子的吸附对 U-5f 轨道电子态的局域特性影响不大。

整体而言,发生物理吸附时,不会有化学成键现象,电子状态不会发生大的改变,仅靠分子间作用力维系氢气分子与铀铌合金表面的相互作用,在态密度图中具体体现为没有新的杂化峰出现。

9.2.4 差分电荷密度分析

为进一步验证态密度分析的结论,对吸附体系的电荷转移情况进行了计算。差分电荷 $\Delta\rho$ 定义为

$$\Delta\rho = \rho_{H_2+切片} - \rho_{切片} - \rho_{H_2} \tag{9.5}$$

同样考察 Nb-Hor2 和 U2-Hor1 两种构型的差分电荷密度。如图 9.8(a) 所示,对于氢气分子在铌原子的顶位吸附,电荷的转移主要发生在氢原子与铌原子附近,电荷分布向氢气分子一侧聚集("+"处),表明电荷密度增大,同时,氢原子周围远离铌原子一侧的电荷密度减小("-"处),标志着氢原子与铌原子之间相互吸引作用。在图 9.8(b) 中,电荷转移的情

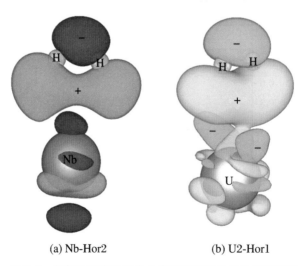

(a) Nb-Hor2   (b) U2-Hor1

图 9.8 氢气分子在铀铌合金表面吸附后的差分电荷密度

形与前者类似,铀原子的电荷分布向氢原子方向有所聚集,氢原子和铀原子之间的区域电荷密度有所增加,表现出相互吸引作用。同时,两种差分电荷密度图的等值面对应的数值都非常小(0.004),表明氢气分子与表面原子之间的相互作用力比较微弱。

9.3　氢气在铀铌合金表面的解离与扩散

9.3.1　氢气在铀铌合金表面的解离

通过 9.2 节的结论可以看到,氢气靠近铀铌合金表面时属于物理吸附,虽然氢气分子 H—H 键长有较为明显的增大,但并未断裂。同时也能很容易推断,在一定条件下(从外界吸收能量),H—H 键克服一定的能量势垒能够断裂,解离成氢原子并在表面形成化学吸附。铀铌合金表面的氢蚀本质上是氢气分子在其表面的解离吸附,因此研究氢气在铀铌合金表面的解离过程具有重要意义。

由于氢气分子初始以物理吸附的形式吸附于铀铌合金的表面,因此研究其解离吸附的过程需使用过渡态搜索的方法进行计算研究。本节所使用的过渡态搜索方法需要知道初态和终态的结构,然后在两种构型之间插入若干中间构型(所谓 images),组成一个变化链条(即 chain-of-states),基于过渡态搜索算法进行计算,最终得到过渡态的结构和能量势垒。

选取吸附能最大的 Nb-Hor2 吸附构型作为研究氢气分子解离吸附的初始构型,在此构型的基础上,人为轻微调整 H—H 键长,将两个氢原子之间的距离由 0.8732 Å 增大到 0.95 Å,然后进行结构优化。结果显示,两个氢原子不再结合成氢气分子,而是分别吸附在铀铌合金的表面,将此时的稳定构型作为研究解离吸附的终态构型(图 9.9)。

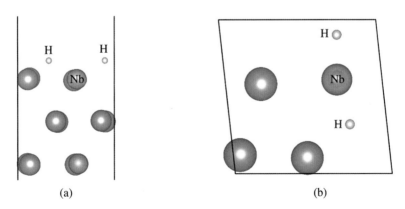

图 9.9　氢气分子解离吸附后的终态构型

经过计算,得到的最小能量路径(MEP)如图 9.10 所示,氢气分子首先在铀铌合金的表面解离成两个氢原子,这时需要跨越的能量势垒为 0.0402 eV,如此小的势垒说明氢气分子极易在铀铌合金的表面发生解离,形成两个氢原子并化学吸附在表面上,整个体系的总能量降低 0.97 eV。对应于宏观层面,铀铌合金表面吸附氢气时,会迅速发生氢化反应,形成氢蚀。

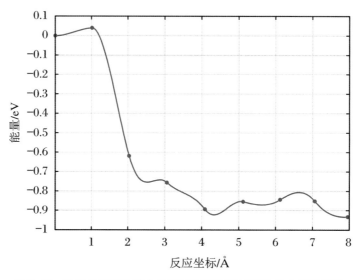

图 9.10　氢气分子在铀铌合金表面解离吸附过程的最小能量路径

　　氢气分子解离吸附的初态、过渡态、终态结构如图 9.11 所示。从解离过程看,氢气分子几乎是直接解离成两个氢原子,然后分别吸附在 Nb 原子附近两个相对的洞位上方。对于过渡态的结构,氢气分子略微倾斜,键长拉伸至 0.968 Å,氢原子与表面 Nb 原子之间的距离由 1.965 Å、1.974 Å 分别拉近至 1.916 Å、1.941 Å,其中一个氢原子更为靠近铀铌合金的表面,可见氢气分子处于即将解离的状态时氢原子与表面原子之间的相互作用加强,随后两个氢原子迅速分离并吸附于表面 Nb 原子周围相对的两个洞位。对于终态的结构,氢原子与 Nb 原子的距离分别为 2.021 Å、1.966 Å,与表面之间的垂直距离分别为 1.068 Å、1.070 Å,

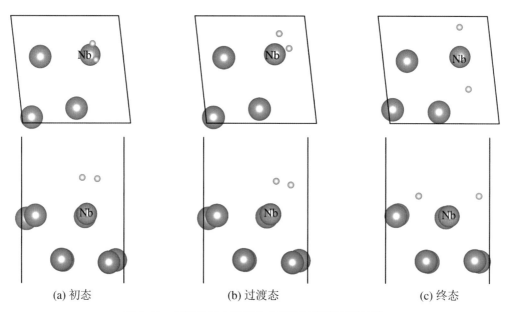

(a) 初态　　　　　　　　(b) 过渡态　　　　　　　　(c) 终态

图 9.11　氢气分子在铀铌合金表面的解离吸附过程

表明氢原子稳定吸附于表面上,氢原子与表面原子之间产生了强烈的相互作用,同时释放出 0.97 eV 的能量;同时,由于氢原子的化学吸附,进一步加剧了对表面的排斥作用,表面原子和次外层原子均向外有所弛豫。

　　为进一步研究氢气分子在铀铌合金表面的解离过程,对初态、过渡态和终态三种构型的态密度进行了计算,并比较电子态的变化。

　　选取一个氢原子和距离其最近的一个铌原子和一个铀原子,图 9.12 表示氢原子和铌原子分别在初态、过渡态和终态时的电子态密度。对于氢原子,与物理吸附时明显不同,电子态逐渐在 −5 eV 处出现一个显著的尖峰,同时费米能级附近的电子态密度明显减小;对于铌原子,5s、4p、4d 轨道的电子态在 −5 eV 处均出现一个显著的尖峰。二者在 −5 eV 附近产生了明显的 H1s-Nb5s-Nb4p-Nb4d 轨道杂化现象,可见氢原子和铌原子形成了明显的化学键,Bader 电子布居分析显示,两个氢原子分别获得了 0.5676 和 0.5716 个电荷,表明二者形成的化学键以共价键成分为主。

　　图 9.13 表示铀原子在三个状态时的电子态密度变化,铀原子的 6s 轨道的电子态没有发生明显的变化,7s、6p、5f 轨道的电子态在 −5 eV 处各出现了一个不太明显的尖峰,而 6d 轨道的电子态在 −5 eV 处出现了一个明显的尖峰。可见氢原子和铀原子之间形成的化学键主要由 H1s-U6d 轨道杂化而成,而 7s、6p、5f 轨道的电子参与程度非常微弱,6s 电子由于能量太低,深入铀原子内部,不参与化学键的形成。

　　图 9.14 为解离后构型的分波态密度,氢原子分别与铌原子和铀原子形成了新的化学键:氢原子的 1s 电子与铌原子的 5s、4p、4d 轨道的电子产生杂化作用,形成化学键;氢原子的 1s 电子主要与铀原子的 6d 轨道的电子产生杂化作用,形成化学键。

9.3.2　氢原子在铀铌合金表面上的扩散

　　为研究氢原子在铀铌合金表面的扩散行为,以氢气分子解离吸附后的构型为初态,进一步探索其表面扩散特性。为针对性研究单个氢原子的扩散行为,将模型简化为单个氢原子在表面洞位的吸附,参照初态构型中氢原子的吸附位置,将氢原子移动到相邻的另一个洞位上,并进行结构优化,得到终态构型,如图 9.15 所示,图(a)为初态构型,图(b)为终态构型。以初态与终态构型为基础,利用 CI-NEB 方法,计算氢原子的表面扩散过程和需要克服的能量势垒。

　　计算得到的最小能量路径如图 9.16 所示,氢原子的移动过程如图 9.17 所示(图(b)为过渡态结构)。氢原子由于初态时为化学吸附,与周围三个表面原子已经形成了化学键,因此在向相邻洞位扩散时,首先需断开与其中一个表面原子的化学键,此时需克服一定的能量势垒,计算得能量势垒大小为 0.0872 eV,过渡态结构即是氢原子与一个表面原子(铀原子)断开化学键时的状态。

　　总体而言,终态总能量与初态总能量基本一致,能量势垒的大小能够反映扩散的难易程度(容易扩散),这是因为氢原子的质量和体积都非常小,易于在铀铌合金的表面进行扩散。可见,当有大量氢气存在时,铀铌合金表面能迅速吸附并解离氢气,在其表面形成氢化物层。

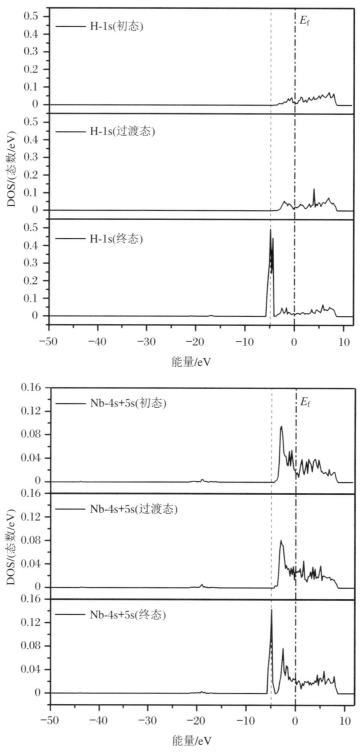

图 9.12　氢原子与铌原子三个状态下的电子态密度

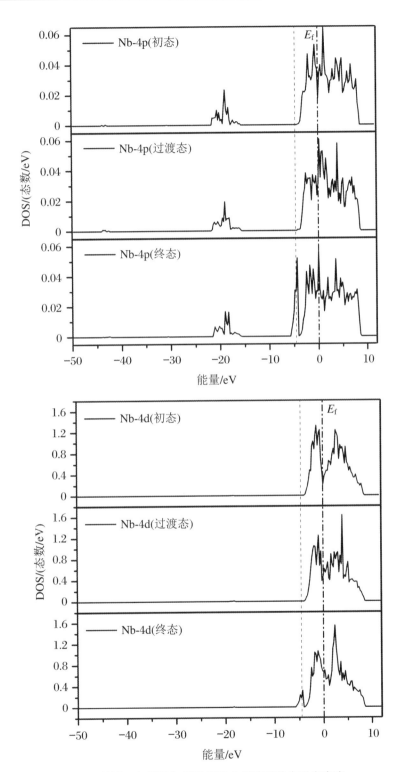

图 9.12(续)　氢原子与铌原子三个状态下的电子态密度

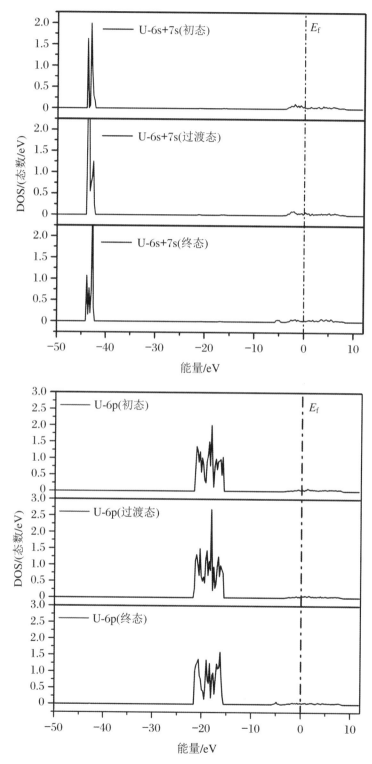

图 9.13 铀原子三个状态下的分波态密度

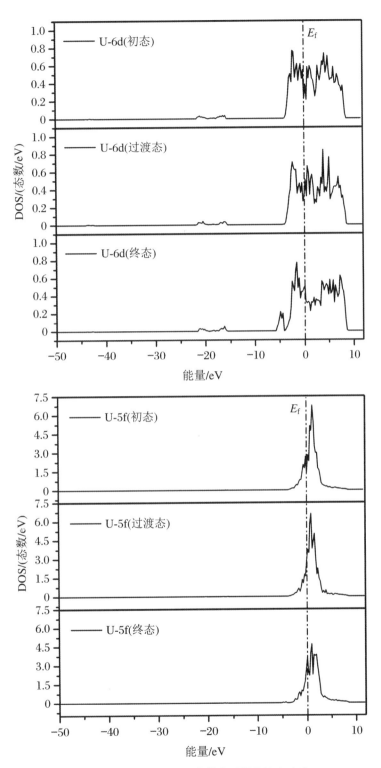

图 9.13(续)　铀原子三个状态下的分波态密度

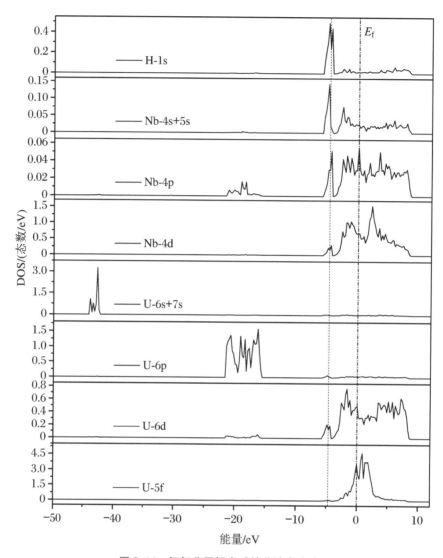

图 9.14　氢气分子解离后的分波态密度

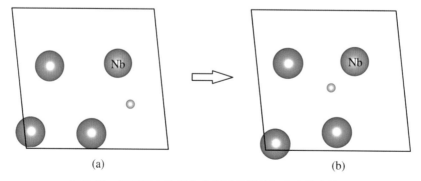

图 9.15　氢原子在铀铌合金表面扩散的初态和终态构型

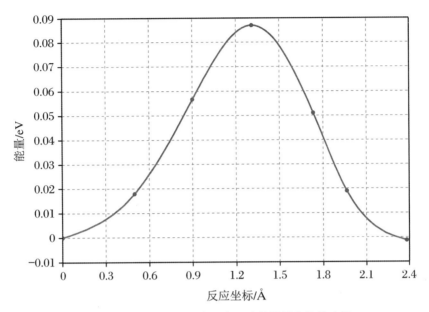

图 9.16　氢原子在铀铌合金表面扩散的最小能量路径

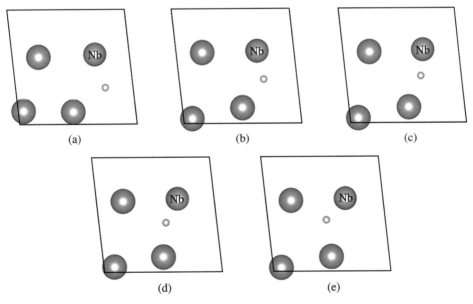

图 9.17　氢原子在铀铌合金表面的扩散过程

9.3.3　氢原子向铀铌合金内部的扩散

为进一步研究氢原子的扩散行为,本节对另一种情形的扩散进行了计算:氢原子向内部扩散。这对理解氢原子在基底内的行为有重要意义。同样以氢气分子解离吸附后的结构为初态结构,并基于此寻找终态结构。将氢原子放置在表面原子层与次表面原子层之间时,选择放置位置时以氢原子与周围原子距离尽可能大为原则,然后进行结构优化弛豫。图 9.18 为寻找终态构型的初始结构,图(b)中未标示的铀原子为次表面铀原子。

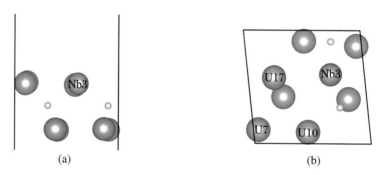

图 9.18　氢原子位于表面与次表面之间的终态初始构型

对该初始构型进行结构优化计算,发现氢原子不会稳定存在于表面原子层与次表面原子层之间,而是会逐渐被排斥到表面原子层外,恢复到与初态相同的结构。这一过程中体系的总能量变化如图 9.19 所示,可以看到,在氢原子向外移动的过程中,体系总能量不断降低,直至最终稳定。氢原子的移动与体系构型的变化过程如图 9.20 所示,可以看到,氢原子依次从表面与次表面原子层之间逐渐向外移动,最终稳定地吸附在表面之上;表面与次表面原子层在氢原子向外移动的过程中由于相互排斥作用也有相应的移动,但相对位置并未发生改变;最终氢原子完全移动到表面之上时,基底结构基本恢复至原来结构。

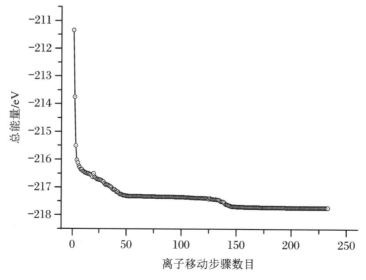

图 9.19　终态初始结构弛豫过程的能量变化

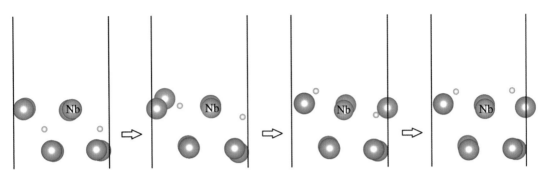

图 9.20　终态初始构型的结构优化过程

由这一过程可以看到,氢原子难以在基底内部稳定存在,而是逐渐向表面外移动。这从理论上证明了当铀铌合金内部掺杂了氢元素时,随着时间的推进,氢元素会发生偏析,逐渐向表面富集,并在表面形成氢蚀,这也是铀铌合金发生氢化腐蚀时氢元素的重要来源。

本 章 小 结

本章首先建立了铀铌合金{010}表面的切片超胞模型,发现包含3层晶胞时表面能即得到很好的收敛,基于该模型,对氢气分子在铀铌合金表面的吸附、解离和扩散过程进行分析研究。

当氢气分子靠近铀铌合金表面时,能够以平行于表面的姿态稳定吸附于表面铌原子或铀原子的顶位,且当其吸附于铌原子顶位时具有更高的吸附能;吸附形式为物理吸附,氢气分子与表面原子之间不形成化学键,而是通过范德瓦耳斯力相互作用,二者的电子态密度没有出现表示轨道之间杂化的尖峰,仅仅在吸附物与表面之间发生了微弱的电荷转移。

当氢气分子克服 0.0402 eV 的能量势垒后,能够发生解离,两个氢原子吸附于铀铌合金的表面。分析氢原子、铌原子和铀原子的电子态密度发现,H1s-Nb5s-Nb4p-Nb4d 与 H1s-U6d 分别发生了轨道杂化,氢原子与铌原子和铀原子之间形成了化学键,氢原子的吸附形式为化学吸附。

氢原子在铀铌合金的表面能够容易地扩散,需要克服的能量势垒仅为 0.1191 eV,但却并不容易向基底内部扩散。这一方面表明氢元素在铀铌合金中会发生偏析,不断向表面富集;另一方面表明铀铌合金表面的氢蚀层易于在表面生长,而不易向内生长。

第 10 章　O_2 在 U-12.5%(at)Nb 表面的吸附、解离和扩散

氧气是大气中含量和化学活性都很高的气体,金属铀在氧气和含有氧气的环境氛围中表现出很强的活性,使铀-氧体系成为非常复杂的金属氧化体系。铀铌合金的表面氧化反应更为复杂,同时也是最主要的腐蚀形式。探索铀铌合金表面氧化腐蚀的微观机理,对理解实际应用中的表面腐蚀现象具有重要的理论意义。通常情况下,纯氧环境中金属表面的氧化腐蚀始于氧气分子在金属表面的吸附,进而氧气分子解离为氧原子,氧原子继续在表面或向金属内部扩散,最终在宏观上表现为氧化腐蚀现象。

氧气在金属铀表面的吸附特性得到了广泛的研究:Huda 等研究了氧气分子在 γ-U {100} 表面的吸附作用,李赣等人对氧气分子在 α-U{001} 表面的解离吸附进行了第一性原理的研究。研究结果均表明氧气分子在金属铀的表面发生强解离吸附,氧原子与铀原子之间形成离子键,氧原子在表面进行扩散的能量势垒约为 0.3 eV,氧原子的吸附作用对铀的表面结构产生了较为显著的影响。

本章对氧气在 U-12.5%(at)Nb 表面的吸附、解离和扩散进行系统的理论研究,以期从微观层面对铀铌合金的表面氧化腐蚀机理进行初步探索。

10.1　初始吸附构型

U-12.5%(at)Nb 的 {010} 面切片模型与 9.1.1 小节一致。氧气分子的放置位置与氢气分子一致(实际上,计算结果表明,氧气分子的放置位置对计算结论没有影响),如图 10.1 所示,氧气分子以 O—O 键轴相互垂直的两种姿态放置在平行于表面原子的顶位。

本章在试算过程中,将氧气分子以平行于和垂直于切片平面的姿态分别放置在表面的顶位、桥位和洞位等高对称性的表面点位,结果发现,氧气分子无论以何种姿态靠近铀铌合金的表面,均会发生解离并吸附在表面上;同时,氧气分子无论初始状态位于表面的何处,解离后氧原子均吸附在洞位。因此本章重点研究氧气分子平行吸附时的情况,详细考查氧气分子解离后氧原子的吸附和扩散特性。

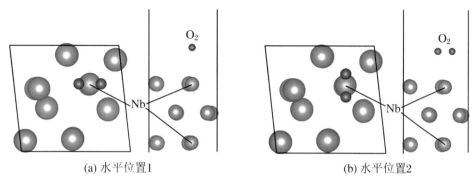

(a) 水平位置1　　　　　　　　　　　　　(b) 水平位置2

图 10.1　氧气分子平行于表面的吸附初始构型

10.2　氧气在铀铌合金表面的吸附、解离

10.2.1　吸附构型和吸附能

8 种初始吸附构型的计算结果均显示，氧气分子在 U-12.5％(at)Nb 表面吸附时，O—O 键完全断裂，氧气直接解离成游离态氧原子并吸附于表面之上。最终的吸附构型如图 10.2 所示，可以看到，氧气分子解离后，两个氧原子均吸附于 U-12.5％(at)Nb 表面的洞位，这与金属铀(也包括大部分金属)表面吸附氧气的情况一致。观察切片模型的表面原子，铌原子与铀原子发生了较为明显的位移，但总体相对位置并未改变，即表面未发生重构。各构型氧原子在 U-12.5％(at)Nb 表面的分布特点基本一致：(1) 氧原子均位于表面洞位；(2) 两个氧原子之间的距离表明氧原子基本均匀地分布在表面上。

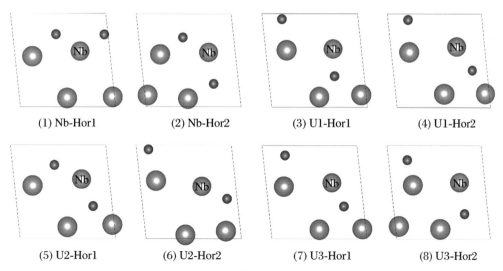

(1) Nb-Hor1　　(2) Nb-Hor2　　(3) U1-Hor1　　(4) U1-Hor2

(5) U2-Hor1　　(6) U2-Hor2　　(7) U3-Hor1　　(8) U3-Hor2

图 10.2　氧气分子解离吸附于铀铌合金表面后的稳定构型

　　吸附能与吸附后体系的几何结构参数见表 10.1。当氧气分子靠近铀铌合金表面时,不会发生物理吸附,而是直接解离形成化学吸附,由吸附能的数量级进一步体现了氧气的化学吸附特性。两个氧原子之间的距离均大于 3 Å,而小于 4 Å,定量地表征了氧原子的分布特征。氧原子与表面原子间的最近距离也均在 2~2.3 Å 之间,表明氧原子与表面铌原子或铀原子之间形成了稳定的化学键。通过对吸附体系几何构型的观察,可以看到,表面原子层发生了小幅起伏。表 10.1 中最后两列数据表示氧原子与铀铌合金表面最高的铌原子或铀原子之间的垂直距离,数值均接近于 1 Å,表明氧原子已经与表面之间形成了稳定结构,如图 10.3 所示(U3-Hor2 构型,铀原子未标注)。

表 10.1　氧气吸附于铀铌合金表面的吸附能和几何结构参数

构型		吸附能 E_{ads}/eV	氧原子间距 $R_{O\text{-}O}/Å$	氧原子与最近表面原子距离 $h_{O\text{-}Nb/U}/Å$		氧原子与表面的最近距离 $h_{O\text{-}表面}/Å$	
Nb	Hor1	10.3563	3.0325	2.1521	2.1838	0.9836	0.9249
	Hor2	10.3189	3.1263	2.1024	2.1160	1.0870	0.9971
U1	Hor1	10.4508	3.4822	2.2563	2.1237	0.8563	1.1501
	Hor2	10.4586	3.6042	2.1075	2.1300	0.5895	0.8472
U2	Hor1	10.2437	3.4776	2.1082	2.0968	0.9602	1.0033
	Hor2	10.9230	3.1520	2.1092	2.1343	0.9234	0.9471
U3	Hor1	10.3023	3.8370	2.1029	2.1442	0.9842	1.1957
	Hor2	10.2053	3.8306	2.0976	2.0725	1.0047	1.1031

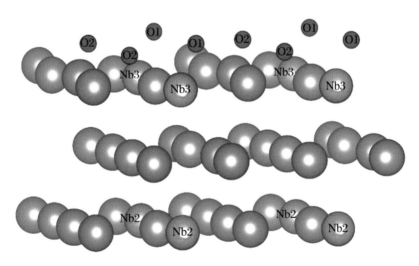

图 10.3　氧气解离吸附与铀铌合金表面

　　对比氧气分子在 2×1 α-U{001} 面上的吸附情形,如图 10.4 所示,吸附结果与氧气分子在 U-12.5%(at)Nb 表面的吸附结果相似,氧气分子均发生解离,形成化学吸附,两个氧原子分别位于相邻的两个洞位,但由于铀原子量为 238.03,而铌原子量仅为 92.91,α-U 表面原子的位移明显小于 U-12.5%(at)Nb 表面原子。对比两种情形的吸附能大小,可以发现

氧气分子在 α-U 表面解离吸附的吸附能约为 9 eV。

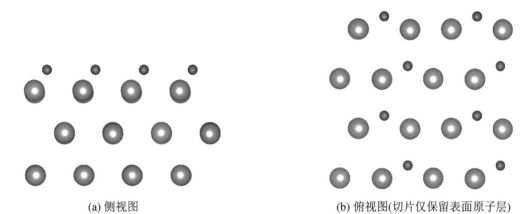

(a) 侧视图　　　　　　　　　　　　(b) 俯视图(切片仅保留表面原子层)

图 10.4　氧气解离吸附于 2×1 α-U{001} 面

U-12.5%(at)Nb 表面原子吸附氧气分子后的弛豫情况见表 10.2，d_{12}^0 与 d_{23}^0 分别表示清洁表面弛豫后第一与第二原子层间距和第二与第三原子层间距。所有吸附构型的数据极为接近。与铀铌合金表面吸附氢气分子之后的弛豫效应相比，吸附氧气分子之后的弛豫效应更为明显，氧原子对铀铌合金表面的排斥作用更大。如此显著的弛豫效应有利于氧原子与表面铌原子或铀原子形成新的化合物。

表 10.2　铀铌合金表面吸附氧气分子后的弛豫效应

构型		$(d_{12}-d_{12}^0)/d_{12}^0$	$(d_{23}-d_{23}^0)/d_{23}^0$
Nb	Hor1	14.9318%	7.4389%
	Hor2	13.8756%	7.0254%
U1	Hor1	14.2368%	6.9412%
	Hor2	14.3425%	7.6025%
U2	Hor1	13.9200%	6.8916%
	Hor2	14.0285%	7.2691%
U3	Hor1	14.4902%	7.3520%
	Hor2	14.6350%	7.7231%

10.2.2　功函数变化

按照式(9.3)和式(9.4)的定义，分析氧气分子吸附于 U-12.5%(at)Nb 表面后诱导功函数发生的变化，见表 10.3。已知铀的电负性为 1.38，铌的电负性为 1.59，而氧的电负性为 3.44，铀、铌与氧之间的电负性差异较铀、铌与氢之间的电负性差异更大，由此可以分析，在吸附的过程中，电荷转移更为显著，而且是铀铌合金表面原子的部分电荷向氧原子吸附物转移，从而形成从吸附物层指向基底的表面偶极矩，造成整个表面体系的功函数增加。尽管吸附氧气体系比吸附氢气体系具有更大的电负性差异，但二者的诱导功函数变化的数值并没有显著差异。Bader 布居分析显示,电荷转移后氧原子占据 7.15 个 e^-（游离态为 6 个 e^-），但由于氧原子与表面的距离明显较小,二者对偶极矩的贡献相互抵消,从而使功函数的变化与吸附氢气体系相比并不明显。

表 10.3 铀铌合金表面吸附氧气分子后功函数的变化

构型	Nb		U1		U2		U3	
	Hor1	Hor2	Hor1	Hor2	Hor1	Hor2	Hor1	Hor2
φ/eV	3.733	3.712	3.689	3.709	3.703	3.676	3.662	3.778
$\Delta\varphi/\mathrm{eV}$	0.239	0.218	0.195	0.215	0.209	0.182	0.168	0.284

10.2.3 态密度分析

氧原子解离吸附后,为进一步研究其与表面原子之间的相互作用,对态密度进行了计算分析。选取 Nb-Hor1 和 U2-Hor2 两种构型进行对比分析,分波态密度图如图 10.5 所示,图中选取一个氧原子和距离其最近的铌原子、铀原子。

由于两种构型在结构上是一致的,因此从图中可以看到,二者的分波态密度整体上也是相似的,但与吸附氢气分子的构型有很大差别。以图 10.5(a)为例,氧原子的 2p 轨道和 2s 轨道的电子态分别分布在 $-5\ \mathrm{eV}$ 和 $-22\ \mathrm{eV}$ 附近。首先,考虑氧原子与铌原子之间的相互作用。在 $-5\ \mathrm{eV}$ 附近,铌原子的 5s 轨道、4p 轨道和 4d 轨道的电子态均发生劈裂,出现了新尖峰,表明 O-2p 与 Nb-5s、Nb-4p、Nb-4d 之间产生杂化作用,形成稳定的键合作用;在 $-22\ \mathrm{eV}$ 附近,铌原子的 4p 轨道的电子态出现新尖峰,Nb-4s 轨道的电子态也出现了微小的尖峰,与氧原子的 2s 轨道发生杂化作用,形成强度略小的键合作用。其次,考虑氧原子与铀原子之间的相互作用。在 $-5\ \mathrm{eV}$ 附近,铀原子的 6d、5f 轨道的电子态发生明显的劈裂,出现了新尖峰,并且 7s 轨道的电子态也出现了新尖峰,但并不显著,表明氧原子的 2p 轨道主要与铀原子的 6d、5f 轨道发生杂化作用,形成键合,5f 轨道电子的局域性有所降低;在 $-22\ \mathrm{eV}$ 附近,铀原子的 6d 轨道的电子态出现了新尖峰,但并不明显,表明铀原子的 6d 轨道也参与了与氧原子 2s 轨道的杂化,但主要还是铌原子的 4p 轨道和氧原子的 2s 轨道发生杂化作用。另外,在费米能级处,铌原子和铀原子各轨道的电子态并未发生明显的变化,表明二者之间的相互作用形式并未改变。

对于图 10.5(b)的情形,氧原子的 2p 轨道和 2s 轨道的电子态能量分布与图(a)中略有不同,但能量分布范围一致,原子间的相互作用形式也一致。在两种构型中,铀原子的 6s 轨道的电子态由于能量低至 $-44\ \mathrm{eV}$,可以视为铀原子的内层电子,而不视为价电子;7s 轨道的电子态能量分布在 $-5\sim 8\ \mathrm{eV}$ 中,基本上呈游离态。

综合分析各原子分波态密度的变化和成键情况,可以看到,在铌原子和铀原子中,参与化学键形成的主要是铌原子的 5s、4p、4d 轨道和铀原子的 6d、5f 轨道。

10.2.4 差分电荷密度分析

为直观展现电荷转移情况,按照式(9.5)的定义,计算吸附体系的差分电荷密度,选取的吸附体系仍为 Nb-Hor1 和 U2-Hor2 两种构型。

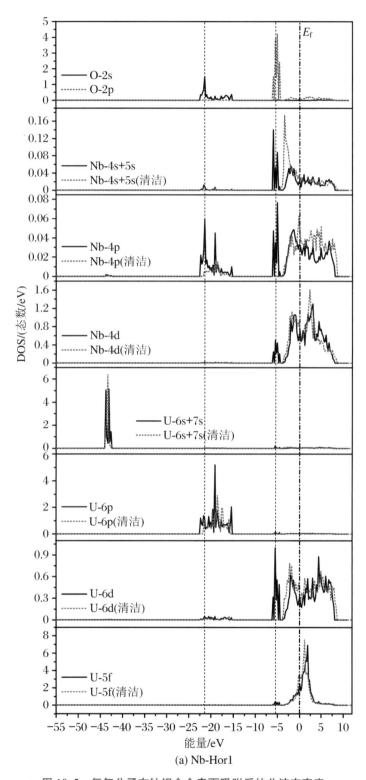

(a) Nb-Hor1

图 10.5　氧气分子在铀铌合金表面吸附后的分波态密度

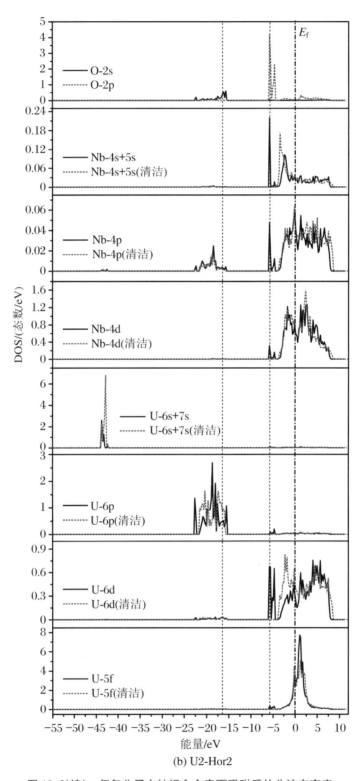

(b) U2-Hor2

图 10.5(续) 氧气分子在铀铌合金表面吸附后的分波态密度

　　图 10.6 为两种吸附体系差分电荷密度的俯视图,可以看到,氧原子周围的电荷密度均出现明显的增大,表明其得到电荷;距离氧原子较近的表面原子(铌原子和铀原子)周围的电荷密度则出现明显的减小,意味着其失去电荷。电荷的转移表明氧原子与铀铌合金表面的铌原子和铀原子之间具有稳定的化学键作用,结合 Bader 布居分析的结果,两个氧原子分别获得 1.1546 和 1.1563 个电荷,化学键的类型以离子键为主。

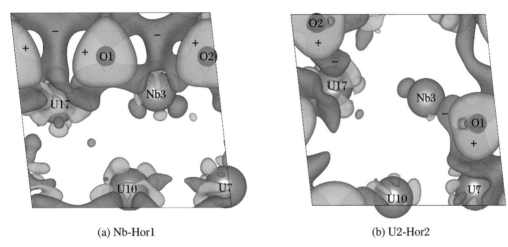

(a) Nb-Hor1　　　　　　　　　　　　　　(b) U2-Hor2

图 10.6　氧气分子解离吸附于铀铌合金表面后的差分电荷密度

10.3　氧原子在铀铌合金中的扩散

　　氧气分子在铀铌合金表面直接解离并形成化学吸附的过程已经证明氧原子与铌原子和铀原子之间极易发生化学反应,因此研究氧原子后续在铀铌合金表面的扩散行为对理解二者的相互作用形式非常重要。本节采用 CI-NEB 过渡态搜索方法对氧原子在铀铌合金中的扩散行为进行研究。

10.3.1　氧原子在铀铌合金表面上的扩散

　　为简化模型,仅考察单个氧原子在表面上的扩散行为。由前文中氧气分子解离吸附的结果可以看到,氧原子均稳定吸附于铀铌合金表面的洞位,因此将单个氧原子分别放置在表面相邻的两个洞位,然后进行结构优化,得到的最终稳定构型分别作为研究氧原子表面扩散的初态和终态。

　　图 10.7 为进行结构优化后得到的初态和终态构型,氧原子分别稳定吸附于两个相邻的洞位上,基于此,利用 CI-NEB 方法搜索其表面扩散过程的过渡态。

　　计算得到氧原子在表面扩散的最小能量路径如图 10.8 所示。由图 10.8 可见,氧原子在表面相邻两个洞位之间扩散时需要克服 0.1030 eV 的能量势垒,终态的能量比初态低 0.6732 eV,在初态能量和终态能量相差较小的情况下,过渡态的能量仅比初态高 0.1030 eV,

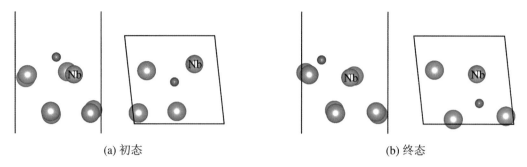

(a) 初态   (b) 终态

图 10.7 氧原子在铀铌合金表面扩散的初态和终态结构

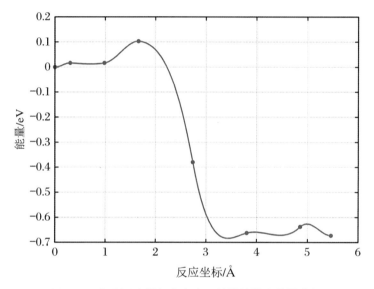

图 10.8 氧原子在铀铌合金表面扩散的最小能量路径

表明氧原子与氢原子一样，也能够在铀铌合金的表面非常容易地进行扩散。由于氧原子能够与铌原子和铀原子形成稳定的氧化物，氧原子在铀铌合金表面容易扩散，将直接导致铀铌合金的表面在氧化性气氛中会较快地形成氧化层，出现表面氧化腐蚀。

氧原子表面扩散的过渡态结构如图 10.9 所示，氧原子与距离其最近的表面原子（一个

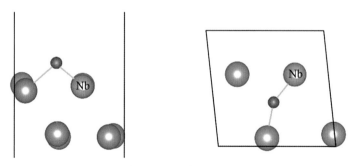

图 10.9 氧原子在铀铌合金表面扩散时的过渡态结构

Nb 原子、一个 U 原子)之间的距离分别为 2.077 Å、2.076 Å,与初态和终态时的距离基本一致,说明氧原子在扩散过程中并未脱附或发生 O—Nb 键、O—U 键的断裂,这在结构上验证了氧原子极易在铀铌合金的表面扩散。

分别选取氧原子在两个洞位之间扩散时与之断开和形成化学键的两个铀原子,分析二者的电子态密度变化,如图 10.10 所示,U1 为在氧原子扩散过程中与之断开化学键的铀原子,U2 为与之形成化学键的铀原子。由于铀原子参与成键的主要是 6d、5f 轨道的电子,因此图中仅给出了两个轨道电子态密度的变化情况。初态时 U1 原子与氧原子之间存在化学键,因此其 6d 轨道的电子态密度在 -5 eV 处有一个明显的尖峰,5f 轨道的电子态密度在相同的能量处也有一个微小的尖峰,在氧原子经过过渡态直至终态的过程中,6d 轨道的电子态密度在 -5 eV 处的尖峰逐渐减弱,最终消失殆尽;而 5f 轨道的电子态密度在 -5 eV 处的尖峰在过渡态之前就已经消失了,5f 轨道电子又恢复其原来的局域性。对于 U2 原子,情况恰好相反,6d、5f 轨道的电子态在初态时均没有明显的成键特征,而到达终态时,6d 轨道的电子态密度出现了显著的尖峰,5f 轨道电子在 U2 原子与氧原子成键的过程中局域性也有所降低,在 -5 eV 处出现了一个小的尖峰。

由此可见,在氧原子的表面扩散过程中,克服原有化学键断裂所需的能量即为扩散能量势垒。

10.3.2　氧原子向铀铌合金内部的扩散

氧原子向铀铌合金内部的扩散特性可以反映出发生氧化腐蚀时氧化层向基底内部的演化形式和速率。本小节以单个氧原子从铀铌合金的表面向次表面扩散为研究对象,利用 CI-NEB 方法进行研究。

初态采用图 10.7(a)中的结构,优化终态结构时将单个氧原子放置在表面与次表面原子层之间,并尽可能远离周围铀原子或铌原子。最终优化得到的终态结构如图 10.11 所示。与氢原子不同,氧原子能够稳定存在于表面与次表面原子层之间,且氧原子与周围铌原子、铀原子组成的结构具备了氧化物的初步形态,如图 10.11(c)所示。

氧原子向铀铌合金内部扩散的最小能量路径如图 10.12 所示,图中显示氧原子需要克服 2.8084 eV 的能量势垒。相比表面扩散,氧原子需要吸收更多的能量才能向内部扩散,但同时也能看到,终态的能量仅比初态高 1.1721 eV,这进一步表明氧原子能够较为稳定地存在于表面与次表面原子层之间。

氧原子在向铀铌合金内部扩散的过程和过渡态的结构如图 10.13 所示,过渡态出现在氧原子穿越表面原子层的时候。由于氧原子的质量和体积都较氢原子大,因此氧原子在向内扩散过程中受到的排斥作用较大,从而导致需要克服的能量势垒也相应较高。

不同于表面扩散,氧原子从表面扩散到内部,原子之间的作用更加剧烈,需要克服的能量势垒更大,且伴随有基底表面结构的显著变化。因此对氧原子向内部扩散的初态、过渡态、终态的电子态密度进行计算,分析在这一过程中电子状态的变化。

图 10.14 为氧原子和表面铌原子在初态、过渡态、终态时的分波态密度。图中选取的是氧原子、表面铌原子以及表面和次表面与氧原子距离最近的各一个铀原子。

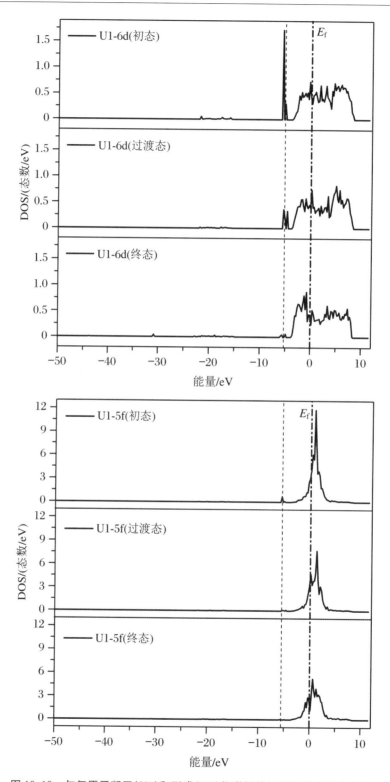

图 10.10　与氧原子断开(U1)和形成(U2)化学键的铀原子的分波态密度

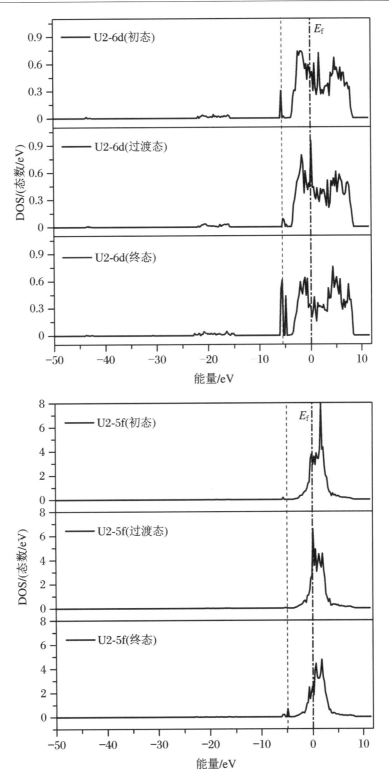

图 10.10(续)　与氧原子断开(U1)和形成(U2)化学键的铀原子的分波态密度

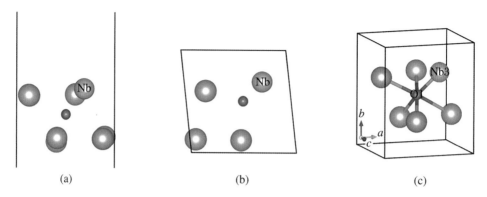

图 10.11　氧原子向铀铌合金内部扩散的终态结构

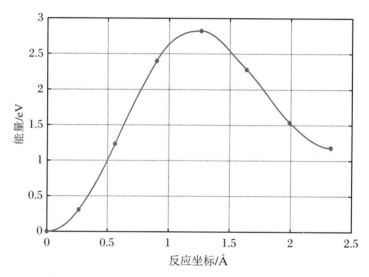

图 10.12　氧原子向铀铌合金内部扩散的最小能量路径

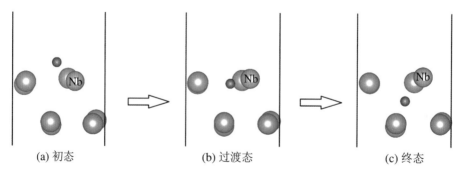

图 10.13　氧原子向铀铌合金内部扩散的过程

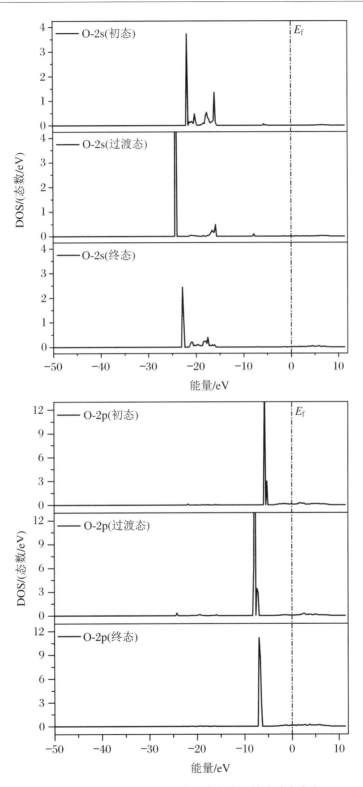

图 10.14　氧原子和铌原子在三个状态下的分波态密度

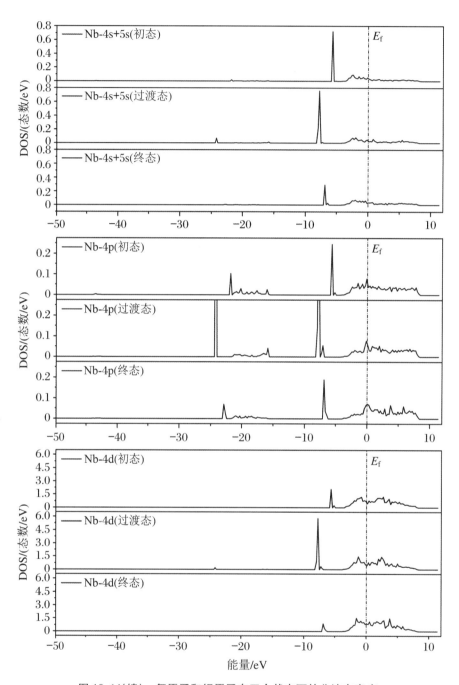

图 10.14(续)　氧原子和铌原子在三个状态下的分波态密度

　　氧原子在向内部扩散时,过渡态 2s、2p 轨道电子态的主要尖峰的能量有所降低,到达终态时,尖峰能量又有所增大,但仍较初态时略低,表明氧原子与周围原子的成键强度略微增强。铌原子的情况大致与氧原子相同,其 4s、5s、4p、4d 轨道的电子状态均在过渡态时向能量低一侧有所移动,终态时有所回升,但仍比初态时略低,表明终态时铌原子的成键特征也没有发生变化。

　　图 10.15 为表面铀原子在初态、过渡态、终态时的分波态密度。

　　铀原子的 6s 轨道电子能量太低,不参与成键,电子状态没有发生变化;7s 轨道电子在初态时,基本为自由电子状态,但在氧原子逐渐向内扩散的过程中,在 -6.34 eV 能量处形成一个明显的新尖峰,表明其参与了与氧原子的成键;6p、6d、5f 轨道的电子状态在过渡态时均发生明显的劈裂,出现了新尖峰,但到达终态时该三个轨道的电子状态与初态时基本一致,仅在 -6.34 eV 能量附近处电子状态的能量较初态略低,这与氧原子和 Nb 原子的特点是一致的。

　　图 10.16 为次表面铀原子在初态、过渡态、终态时的分波态密度。

　　铀原子的 7s、6p、5f 轨道的电子状态在终态时与初态相比,均在 -6.34 eV 能量处形成了新尖峰,但并不明显,表明这三个轨道的电子参与了与氧原子的成键,但作用程度非常微弱;6d 轨道的电子状态发生的变化最为显著,在 -6.34 eV 能量处形成了明显的新尖峰,表明该铀原子与氧原子电子发生杂化作用的主要是 6d 电子。

　　比较氧原子在向内扩散过程中 4 个原子的电子态密度的变化,一方面表明氧原子扩散到次表面后,氧原子与次表面的铀原子形成了新化学键;另一方面,当氧原子处于次表面时,位于表面和次表面的铀原子的 7s 轨道电子也在一定程度上参与了化学键的形成,并具有了氧化物的初步特征,这与氧原子吸附于表面时完全不同。这表明氧原子在向内部扩散时,伴随有氧化物的产生。由此可以推断,由于氧原子不断向基底内部扩散,导致氧化层的产生和演进,使腐蚀加剧。

　　综上分析,单个氧原子向铀铌合金内部扩散后,能够形成稳定结构,表明铀铌合金的表面氧化层能够逐渐向基底内部扩展,使氧化腐蚀加剧。

本 章 小 结

　　铀铌合金的表面腐蚀最重要的方面是氧化腐蚀,而氧的来源是氧气和水汽。本章通过对氧气分子在铀铌合金表面的吸附特性研究,重点阐释氧气分子的解离吸附与氧原子的表面扩散和向基底内部扩散等方面内容。

　　氧气分子在铀铌合金的表面不需要克服能量势垒即发生解离,氧原子直接以化学吸附的形式与铀铌合金表面的铌原子和铀原子形成化学键。有研究表明,虽然氧气分子在 α 相铀的表面也能直接解离吸附,但吸附初期时的吸附速率不及在铀铌合金表面的吸附速率。

　　氧原子吸附于铀铌合金表面后,只需克服 0.1030 eV 的能量势垒即能在表面相邻洞位之间扩散,甚至与氢原子表面扩散时需要克服的能量势垒大小相当。这表明氧原子在靠近

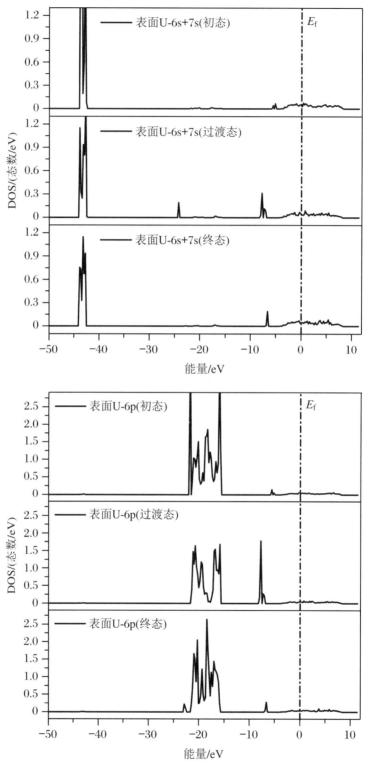

图 10.15   表面铀原子在三个状态下的分波态密度

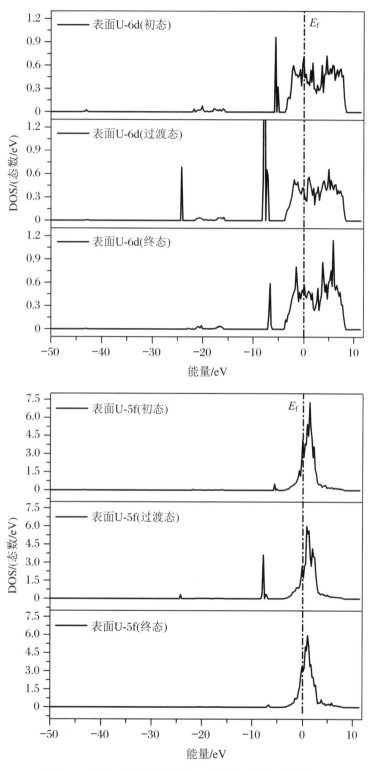

图 10.15(续)　表面铀原子在三个状态下的分波态密度

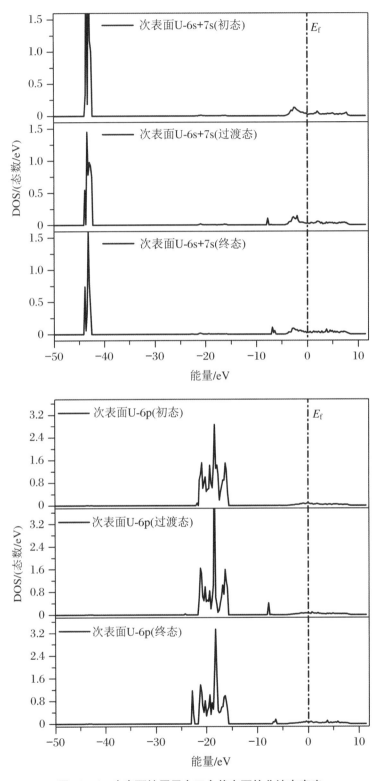

图 10.16　次表面铀原子在三个状态下的分波态密度

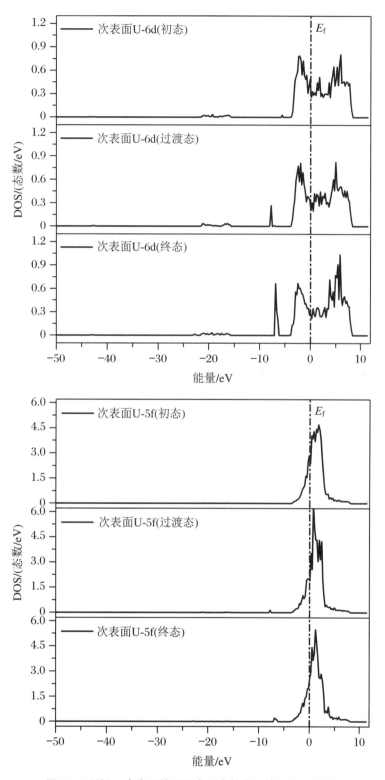

图 10.16(续)　次表面铀原子在三个状态下的分波态密度

铀铌合金的表面时,不仅能够迅速发生解离,而且氧原子吸附于表面后极易在表面进行扩散。这意味着铀铌合金处于纯氧环境中时,能迅速发生表面氧化并通过表面扩散形成氧化层薄膜。

与氢原子不同,氧原子在克服 2.8084 eV 的能量势垒后能够向铀铌合金的次表面扩散,并形成稳定的结构,表明铀铌合金表面发生初始氧化后,氧原子能够继续向基底内部扩散,使氧化层不断生长、增厚,这意味着铀铌合金表面的氧化腐蚀要比氢化腐蚀更为严重。

第 11 章　H₂O 在 U-12.5%(at)Nb 表面的吸附、解离

空气中的气态 H₂O 对金属表面的腐蚀不容小觑。通常情况下,水分子能够很容易地吸附在金属表面,并迅速发生氧化反应。对于金属铀来说,在水蒸气中的氧化腐蚀速率比在干燥氧气中要快,可见在铀的表面氧化腐蚀中,水的存在非常重要。对于铀铌合金而言,水的氧化腐蚀同样值得关注。水分子在金属表面吸附后的反应过程比较复杂,一般生成非化学计量比的氧化物并释放出氢气,但后续的反应过程更加复杂,尤其是释放出的氢气在后续反应中的作用仍不清楚。

对于 H₂O 与 α-U 表面的相互作用,已进行了初步的探索:李赣等人利用 Dmol³ 对 H₂O 在其{001}表面的吸附、解离情况进行了研究,结果表明,H₂O 的稳定吸附构型为平行于表面原子的顶位,解离成 OH 与 H 需要克服的能量势垒为 0.56~0.62 eV,解离产物与表面原子之间的相互作用以离子键为主,同时有共价键的特性。Yang 等研究了 H₂O 在 γ-U{100} 表面的吸附、解离情况,发现 H₂O 的解离原因是吸附作用使 O—H 键弱化、断裂,并且在表面替代掺杂铌原子后,解离变得更加容易,解离形成的 OH 和 H 迅速分离。

本章首先对水分子在铀铌合金表面的吸附进行理论研究,进而对水分子的解离形式和解离后的吸附进行研究,试图对铀铌合金在水蒸气环境下的腐蚀机理进行微观分析。

11.1　初始吸附构型

U-12.5%(at)Nb 的表面切片模型与 9.1.1 小节一致,不再赘述。由于水分子的对称性与氢气、氧气分子不同,因此水分子的放置更为复杂。如图 11.1 所示,考察的重点仍为表面原子的顶位,以水分子的几何中心为准,图(a)~(d)为水分子在铌原子顶位以 4 个平行于表面的方向放置,在 U1、U2 和 U3 顶部的放置方式与其一致,未在图中展示;同时考虑一个桥位(图(e))和一个洞位(图(f)),合计 18 种初始构型。另外,试算表明,当水分子以氢原子为前端靠近铀铌合金的表面时,在结构优化的过程中,水分子最终会翻转,仍以氧原子为前端吸附于表面上,因此本章不再考虑氢原子为吸附前端的情形。

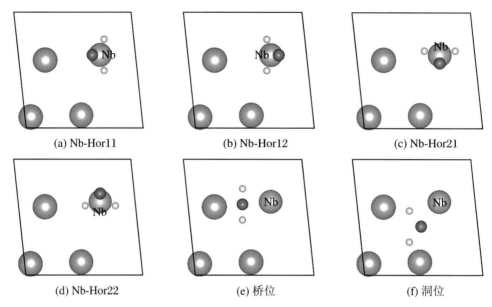

(a) Nb-Hor11　　　　　　(b) Nb-Hor12　　　　　　(c) Nb-Hor21

(d) Nb-Hor22　　　　　　(e) 桥位　　　　　　(f) 洞位

图 11.1　铀铌合金吸附水分子的初始构型

11.2　水分子在铀铌合金表面的吸附

11.2.1　吸附构型和吸附能

对 18 种初始构型进行计算,水分子吸附于 U-12.5%(at)Nb 表面的最终吸附结果如图 11.2 所示。综合所有构型,水分子吸附后的典型特征有:(1) 水分子并未解离,以分子形态吸附于表面上;(2) 水分子均吸附于铀铌合金表面原子的顶位附近,这与氢气吸附时的情形一致;(3) 水分子与铀铌合金表面的吸附作用主要来自氧原子与表面原子之间的作用,氢原子与表面原子之间的作用是次要的;(4) 吸附类型均属于物理吸附。

进一步对吸附结构的细节进行分析。当水分子初始放置在桥位时,最终会稳定吸附在桥位的铀原子一侧(图 11.2(1)),而不是铌原子一侧,表明铀原子与氧原子之间的作用更强。同样的情况也发生在水分子初始放置在洞位时(图 11.2(2))。当水分子初始放置在铌原子的顶位时(Nb-Hor11、12、21、22),稳定吸附后,氢原子的位置显得并不重要,4 种初始构型中氧原子最终的位置几乎完全一致(图 11.2(3)~(6)),反映水分子与表面发生吸附时,二者之间的相互作用主要取决于氧原子和表面原子,氢原子的作用非常微弱。当水分子初始放置在铀原子(U1、U2、U3)的顶位时(Hor11、12、21、22),最终稳定吸附构型的共同点是水分子分别吸附在相应铀原子的顶位,而氧原子几乎在铀原子的正上方,这与桥位和洞位两种情形是一致的。

尽管氢原子和氧原子化学活性都很高,但由于水分子是较为稳定的小分子,因此当其靠

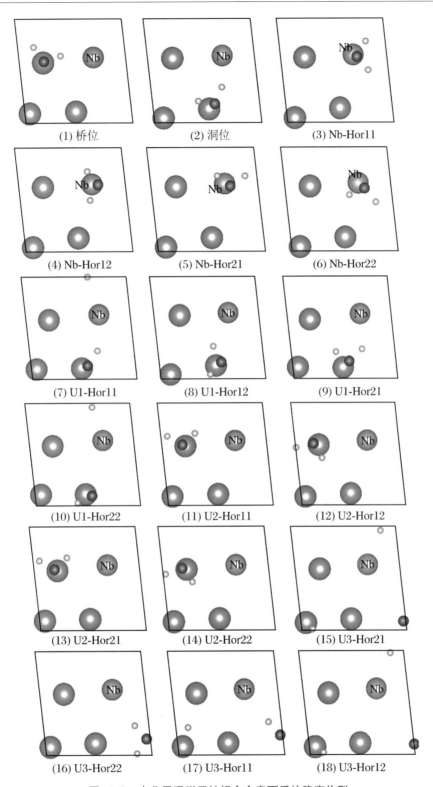

图 11.2　水分子吸附于铀铌合金表面后的稳定构型

近 U-12.5%(at)Nb 的表面时,并未迅速发生解离,形成化学吸附,而是首先物理吸附于 U-12.5%(at)Nb 的表面。

吸附能与吸附体系的几何结构参数见表 11.1,表中 $h_{O\text{-}Nb/U}$ 表示水分子中的氧原子与铀铌合金表面最近的铌原子或铀原子之间的距离,$h_{O\text{-}表面}$ 表示水分子中的氧原子与表面之间的垂直距离。测量 H—O 键与表面法线之间的夹角 φ 时,以氧原子为中心,法线的指向为表面向外一侧,当 $\varphi>90°$ 时,表示氢原子比氧原子更靠近表面。

表 11.1　水分子吸附于铀铌合金表面的吸附能和几何结构参数

构型		吸附能 E_{ads}/eV	H—O—H 键角	O—H 键长 $R_{O\text{-}H}$/Å		$h_{O\text{-}Nb/U}$ /Å	$h_{O\text{-}表面}$ /Å	H—O 键与表面法线的夹角 φ	
Nb	桥位	0.3663	106.4°	0.9848	0.9882	2.5463	2.5451	77.5°	83.6°
	洞位	0.3346	105.1°	0.9812	0.9903	2.5739	2.5389	70.4°	88.0°
	Hor11	0.2326	105.7°	0.9836	0.9846	2.3881	2.3772	81.3°	79.0°
	Hor12	0.2013	106.1°	0.9818	0.9829	2.4074	2.3839	73.9°	71.1°
	Hor21	0.2273	105.9°	0.9808	0.9883	2.3871	2.3633	67.2°	86.0°
	Hor22	0.2162	105.5°	0.9814	0.9856	2.3958	2.3529	68.9°	88.9°
U1	Hor11	0.3129	105.5°	0.9894	0.9882	2.5631	2.5376	89.2°	85.0°
	Hor12	0.3242	106.6°	0.9880	0.9830	2.5528	2.5278	70.2°	83.1°
	Hor21	0.3030	105.0°	0.9811	0.9932	2.5754	2.5253	72.4°	96.3°
	Hor22	0.3213	105.3°	0.9802	0.9934	2.5828	2.5563	68.3°	95.1°
U2	Hor11	0.3789	106.8°	0.9899	0.9834	2.5386	2.5323	86.6°	74.3°
	Hor12	0.3744	106.6°	0.9917	0.9828	2.5443	2.5269	89.8°	70.4°
	Hor21	0.3796	106.7°	0.9899	0.9836	2.5403	2.5342	86.3°	74.7°
	Hor22	0.3754	106.7°	0.9902	0.9840	2.5415	2.5294	87.2°	72.9°
U3	Hor11	0.3231	105.3°	0.9914	0.9797	2.6133	2.5786	93.9°	65.6°
	Hor12	0.3456	105.3°	0.9851	0.9943	2.5827	2.4958	97.8°	78.3°
	Hor21	0.3394	106.5°	0.9966	0.9795	2.5946	2.4780	99.5°	63.1°
	Hor22	0.3134	105.3°	0.9889	0.9804	2.6097	2.5849	89.9°	69.3°

吸附能的数值大小直接验证了物理吸附的本质,而且明显地将吸附构型分成了两大类:吸附于铌原子顶位和吸附于铀原子顶位。与表面吸附氢气分子时的情形相反,当水分子吸附于铌原子顶位时的吸附能较小,而吸附于铀原子顶位时的吸附能较大,但两种情形的共同点是氢气分子或水分子吸附于铌原子顶位时与铌原子或铀铌合金表面的距离比吸附于铀原子顶位时更小。造成几何结构上相似而吸附能大小的规律相反的原因是:氢气分子为非极性分子,结构简单,分子轨道为对称性高、稳定的 σ 键,当其吸附于铌原子顶位或铀原子顶位时,原子间的相互作用形式本质上是一样的,氢气的吸附对表面原子的影响非常微弱,但由于铌原子半径略小,使得氢气分子能够更靠近它,吸附能相应更大;而水分子为极性分子,氧原子与氢原子之间形成 sp³ 杂化,4 个 sp³ 杂化轨道中,有两个与两个氢原子形成稳定的共

价键,剩余两个被孤对电子占据,当水分子吸附于铌原子或铀原子顶位时,这两对孤对电子的电子云与表面原子的电子云重叠,重叠区域越大,相互作用越强烈,铀原子与水分子之间的电负性差异更大一些,二者更易相互吸引,吸附能相应也略大。

表 11.1 中,水分子的变化主要体现在 H—O—H 键角和 H—O 键长的变化。自由态水分子的 H—O—H 键角为 104.5°,H—O 键长为 0.965 Å。当水分子吸附于铀铌合金表面之后,键角和键长均有所增大,根源是发生吸附时,水分子与表面原子之间的相互作用中,对于水分子而言,氧原子发挥了主要作用。由于氧原子与表面原子间的相互作用,使 sp³ 杂化轨道中的两对孤对电子略微远离氧原子核,从而导致 H—O—H 键角和 H—O 键长的增大。

另外,水分子吸附于表面后,水分子与表面基本保持平行状态,大部分情况下,两个氢原子略有上扬,但也有个别情况,其中一个氢原子略微向下,比氧原子更接近铀铌合金的表面。

水分子在 2×1 α-U{001}面上的吸附构型如图 11.3 所示,可以看到,水分子同样平行于表面并吸附于某个铀原子的顶位,水分子未发生解离,同样为物理吸附。水分子的两个氢原子略微上扬,氧原子与表面的距离为 2.6057 Å,H—O—H 键角增大为 105.7°,H—O 键与表面法线的夹角为 79.8°、80.0°,吸附能为 0.2914 eV。

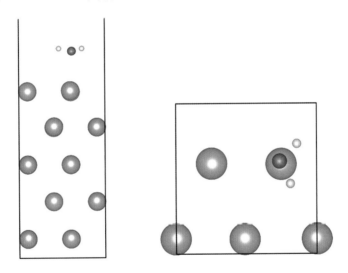

图 11.3　水分子吸附于 2×1 α-U{001}面

U-12.5％(at)Nb 表面原子吸附水分子后的弛豫效应见表 11.2。

表 11.2 中,d_{12}^0 与 d_{23}^0 分别表示清洁表面弛豫后第一与第二原子层间距和第二与第三原子层间距。与表 11.1 中的几何结构参数规律相同,当水分子吸附于铌原子顶位时,表面原子(主要是铌原子)向外弛豫的幅度更大,水分子通过吸附作用对铀铌合金的表面产生了排斥作用。

表 11.2　铀铌合金表面吸附水分子后的弛豫效应

构型		$(d_{12}-d_{12}^0)/d_{12}^0$	$(d_{23}-d_{23}^0)/d_{23}^0$
	桥位	4.3341%	0.8495%
	洞位	4.4028%	0.9356%
Nb	Hor11	6.3120%	2.1546%
	Hor12	5.9012%	2.3104%
	Hor21	6.6201%	2.6142%
	Hor22	6.5213%	2.7604%
U1	Hor11	4.0214%	0.7920%
	Hor12	4.4201%	0.8401%
	Hor21	4.3842%	0.9011%
	Hor22	4.4055%	0.8064%
U2	Hor11	4.2264%	0.8621%
	Hor12	4.3254%	0.8814%
	Hor21	4.4099%	0.7815%
	Hor22	4.2094%	0.9135%
U3	Hor11	4.3307%	0.9325%
	Hor12	4.4001%	0.8948%
	Hor21	1.2966%	0.8166%
	Hor22	1.3755%	0.8473%

11.2.2　功函数变化

按照式(9.3)和式(9.4)的定义,计算 U-12.5%(at)Nb 表面吸附水分子后表面体系的功函数变化,结果见表 11.3,在桥位和洞位吸附的两种构型的功函数及其变化分别为 3.548 eV(0.054 eV)、3.538 eV(0.044 eV),未在表中列出。同为物理吸附,虽然水分子与氢气分子差异非常大,但与 U-12.5%(at)Nb 表面吸附氢气分子时相比,两种情况下由吸附诱导的功函数的变化基本一致,主要原因是吸附物(H_2O 或 H_2)的覆盖度偏低,导致吸附物层与基底之间形成的偶极矩不大,因此反映在功函数变化上表现为 $\Delta\varphi$ 数值偏小。

表 11.3　铀铌合金吸附水分子后功函数的变化

构型	Nb				U1			
	Hor11	Hor12	Hor21	Hor22	Hor11	Hor12	Hor21	Hor22
φ/eV	3.746	3.767	3.794	3.802	3.524	3.523	3.535	3.588
$\Delta\varphi$/eV	0.252	0.273	0.301	0.308	0.031	0.029	0.041	0.094
构型	U2				U3			
	Hor11	Hor12	Hor21	Hor22	Hor11	Hor12	Hor21	Hor22
φ/eV	3.643	3.692	3.676	3.649	3.603	3.637	3.672	3.595
$\Delta\varphi$/eV	0.149	0.196	0.182	0.155	0.109	0.143	0.178	0.101

表 11.3 中的数据与吸附能具有相反的变化规律,即当水分子吸附于铌原子顶位时,吸附能相对较小,但功函数变化较大;当水分子吸附于铀原子顶位时,吸附能相对较大,而功函数变化较小。这一现象与吸附氢气分子时类似。铀铌合金表面吸附水分子时,水分子本身具有较强的极性,氧原子呈 −2 价,但铌原子量较铀原子小,受氧原子影响相对更明显,导致铌原子周围的电子云变化程度更剧烈,最终产生的偶极矩相应也就更大,诱导功函数变化相对较大。这一现象进一步表明,吸附稳定性越好,吸附能越大,功函数变化越小。

11.2.3　态密度分析

与铀铌合金表面吸附氢气分子时类似,同为物理吸附,电子的状态不会发生剧烈改变,但对态密度进行计算分析,可以从电子层面进一步理解水分子与铀铌合金表面的吸附作用。选取两种吸附能较大的构型 Nb-Hor11 和 U2-Hor21 进行分析,分波态密度如图 11.4 所示,图中仅选取了氧原子和距离其最近的铌原子或铀原子。

在 Nb-Hor11 构型中,水分子的电子态密度表现为典型的 sp^3 杂化特征,表明水分子的内部电子结构与游离态时基本一致;铌原子的电子态同样未发生新变化,没有新尖峰产生,这也表明氧原子与铌原子之间的相互作用比较微弱,吸附能相应也较小。在 U2-Hor21 构型中,水分子的分子轨道发生了较为明显的变化,主要是水分子的电子态密度在 −20 eV 附近出现了新尖峰,表明 sp^3 轨道的电子态产生了劈裂;铀原子各轨道的电子态基本保持不变,表明铀原子与氧原子之间的范德瓦耳斯力更大一些,导致氧原子 2s 轨道电子的状态发生了变化,这同时也验证了当水分子吸附于铀原子顶位时具有较大的吸附能。

对比水分子分别吸附在铌原子和铀原子顶位时的分波态密度图,尽管是物理吸附,没有显著的变化特征,但仍能看出水分子中的氧原子发生了不同的变化,从侧面表明铌和铀两种元素在与氧原子发生作用时的差异,以及铀铌合金与金属铀之间的理化性质的差异。

11.2.4　差分电荷密度分析

为了能够形象地展示铀铌合金表面吸附水分子后的电荷转移情况,按照式(9.5)的定义,对吸附体系的差分电荷密度进行计算分析,选取的吸附体系为 Nb-Hor11 和 U2-Hor21 两种构型。

图 11.5 中仅显示了水分子与距离其最近的铌原子(a)和铀原子(b),两种构型绘制差分电荷密度的三维等值面时选取的截断值相同,因此可以定性比较电荷转移的程度。两种情况下的电荷转移类似,均是铌原子或铀原子失去了一部分电荷,水分子周围也失去了一部分电荷,二者失去的电荷在氧原子周围和 O、Nb 之间,O、U 之间聚集,表明发生吸附后,氧原子与铌原子和铀原子之间发生了相互作用,而氢原子与铌原子和铀原子之间没有相互作用。另外,通过比较两种情况下电荷转移的多少,发现当水分子吸附于铀原子顶位时,电荷转移量更大一些。这一方面说明 O、U 之间的相互作用更强,吸附能更大;另一方面,由于铀原子转移到氧原子的电荷更多,使得水分子的极性更弱,导致诱导功函数变化更小。

差分电荷密度的计算结果进一步验证和解释了态密度的分析结果和功函数的变化规律,直观形象地展示了水分子与铀铌合金表面的吸附作用。

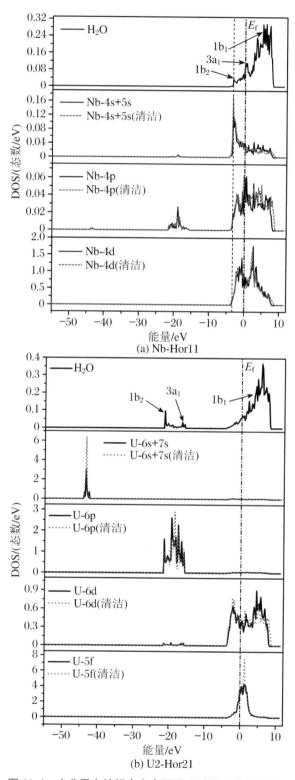

图 11.4　水分子在铀铌合金表面吸附后的分波态密度

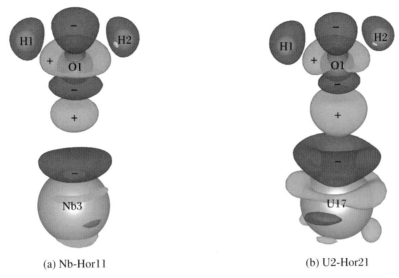

(a) Nb-Hor11　　　　　　　　　(b) U2-Hor21

图 11.5　水分子在铀铌表面吸附后的差分电荷密度

11.3　水分子在铀铌合金表面的解离

水分子能够在铀铌合金表面发生物理吸附,通过进一步研究其解离过程可以分析其吸附稳定性。水分子的解离过程相对复杂,且与实际的外部条件密切相关,但可以确定的是,水分子解离过程是伴随着 H—O 键的断裂而进行的。本节采用 CI-NEB 方法对水分子在铀铌合金表面的解离过程进行计算,较为全面地展示水分子的解离过程及解离后的物质形态。

11.3.1　水分子在铀铌合金表面的第一步解离

首先研究当水分子的一个 H—O 键断裂时的解离过程。初态选取 Nb-Hor11 稳定吸附构型,并在此基础上轻微移动水分子中的一个氢原子,造成人为的 H—O 键断裂,然后进行结构优化,最后得到终态构型。由图 11.6 可以看到,水分子最终以一个OH⁻ 和一个 H⁺ 的形式吸附于表面上,吸附位置为铌原子周围相对的两个洞位,OH⁻ 中的氧原子与表面原子的最近距离为 2.1824 Å,H⁺ 与表面原子的最近距离为 1.9294 Å,表明OH⁻ 和 H⁺ 化学吸附于表面上。

计算得到水分子一个 H—O 键断裂过程的最小能量路径如图 11.7 所示。水分子在物理吸附于铀铌合金表面的前提下,其中一个 H—O 键断裂需要克服的能量势垒仅为 0.0434 eV。可见水分子吸附于表面之后,几乎能够直接解离成OH⁻ 和 H⁺,并直接化学吸附于表面之上,同时释放出 1.744 eV 的能量,使OH⁻ 和 H⁺ 与表面之间形成稳定的相互作用。

水分子第一步解离过程的过渡态结构如图 11.8 所示。H—O 键断裂之前,水分子首先移动到附近接近于桥位的位置,姿态由接近平行于表面旋转为氧原子在下,两个氢原子上

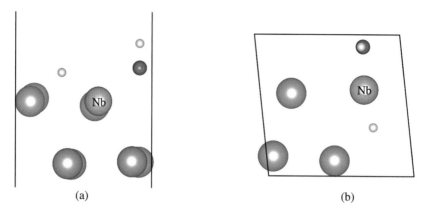

图 11.6　水分子在铀铌合金表面第一步解离的终态构型

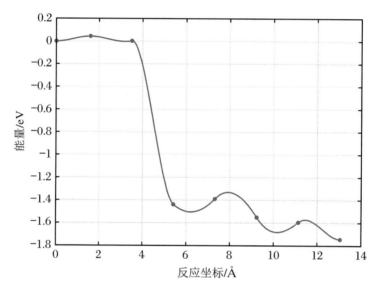

图 11.7　水分子在铀铌合金表面第一步解离的最小能量路径

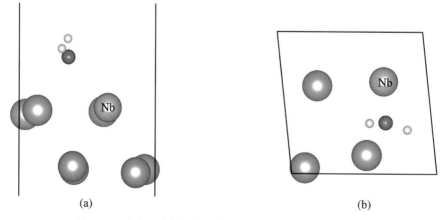

图 11.8　水分子在铀铌合金表面第一步解离的过渡态结构

翘,其中一个相对接近表面;在此状态之后,远离表面的氢原子和氧原子形成 OH⁻,接近表面的氢原子与氧原子断开,形成 H⁺,水分子完成第一步解离。

在水分子解离并化学吸附的过程中,既有旧化学键的断裂,又有新化学键的形成,相关原子的电子状态必将发生较大的变化,因此对与水分子分离的氢原子、氧原子和与该两原子距离最近的铀原子(为同一个铀原子)、表面铌原子进行了电子态密度的计算,并分析电子态变化与化学键断裂、形成的关系。

图 11.9 为氢原子、氧原子和铌原子在初态、过渡态和终态时的分波态密度图。水分子解离后氢原子化学吸附于铀铌合金的表面,氢原子的电子态密度发生了明显的改变,在 $-6.34\,\mathrm{eV}$ 和 $-5\,\mathrm{eV}$ 能量处出现了两个明显的新尖峰;对于氧原子,水分子解离前与表面之间为物理吸附,解离后 OH⁻ 与表面形成化学吸附,终态时氧原子 2s 轨道的电子态密度在 $-9.7\,\mathrm{eV}$ 和 $-22.5\,\mathrm{eV}$ 能量处分别出现了新尖峰,而 2p 轨道的电子态密度在 $-9.7\,\mathrm{eV}$ 和 $-6.34\,\mathrm{eV}$ 能量处分别出现了新尖峰;对于铌原子,由图可以看到,各轨道的电子态密度均出现了明显的劈裂,其中 4s、5s 轨道的电子态密度在 $-5\,\mathrm{eV}$、$-6.34\,\mathrm{eV}$、$-9.7\,\mathrm{eV}$ 能量处出现了三个新尖峰,4p 轨道的电子态密度在 $-5\,\mathrm{eV}$、$-6.34\,\mathrm{eV}$、$-9.7\,\mathrm{eV}$、$-22.5\,\mathrm{eV}$ 能量处出现了四个新尖峰,而 4d 轨道的电子态密度在 $-5\,\mathrm{eV}$、$-6.34\,\mathrm{eV}$、$-9.7\,\mathrm{eV}$ 能量处出现了三个新尖峰。可见,铌原子的各轨道电子分别与氢原子的 1s 电子和氧原子的 2s、2p 电子发生了轨道杂化,并形成了新的化学键。

图 11.10 为铀原子在初态、过渡态和终态时的分波态密度图,其 7s 轨道电子的态密度在 $-5\,\mathrm{eV}$、$-6.34\,\mathrm{eV}$、$-9.7\,\mathrm{eV}$ 能量处出现了三个微弱的新尖峰,6p 轨道电子的态密度在 $-22.5\,\mathrm{eV}$ 能量处出现了一个微弱的新尖峰,6d 轨道电子的态密度在 $-5\,\mathrm{eV}$、$-6.34\,\mathrm{eV}$、$-9.7\,\mathrm{eV}$、$-22.5\,\mathrm{eV}$ 能量处出现了四个新尖峰,而 5f 轨道电子的状态几乎没有发生变化,表明水分子的第一步解离对 5f 轨道电子的局域性没有显著影响。可见,对于铀原子,主要是 6d 轨道电子与氢原子的 1s 电子和氧原子的 2s、2p 电子发生了轨道杂化,并形成了新的化学键。

11.3.2　水分子在铀铌合金表面的第二步解离

水分子经历第一步解离后,产物以化学吸附的形式与表面形成稳定的相互作用,但 OH⁻ 具有较强的化学活性,还存在进一步解离的可能性。因此,在以第一步解离的终态为初态的基础上,进一步研究后续的解离形式,对完整理解水分子的解离过程有重要意义。

优化终态结构的方法与上小节类似,最终得到 OH⁻ 解离后,氧原子和两个氢原子分别以单个原子的形态吸附于铀铌合金的表面。终态结构如图 11.11 所示,水分子最终解离成独立的三个原子,并分别吸附在 Nb 原子周围间隔的三个洞位(图 11.11(c)展示的是 2×2 表面)。

水分子第二步解离的最小能量路径如图 11.12 所示。过渡态与初态之间的能量势垒为 $0.5925\,\mathrm{eV}$,表明初态结构是比较稳定的,OH⁻ 需要吸收比第一步解离更高的能量($0.5925\,\mathrm{eV}$)才能解离。OH⁻ 解离后,水分子已完全解离成三个独立的原子,三个原子在 Nb 原子(水分子最初吸附于其顶位)周围近似均匀分布于三个相互间隔的洞位,使得整个体系的能量又下降了 $1.572\,\mathrm{eV}$,达到了更为稳定的状态。

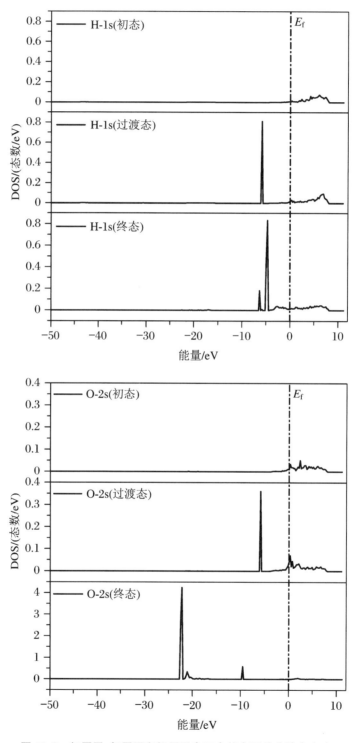

图 11.9 氢原子、氧原子和铌原子在三个状态下的分波态密度

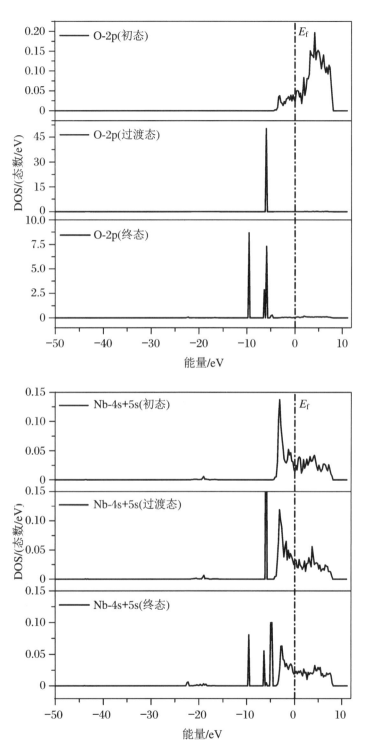

图 11.9(续)　氢原子、氧原子和铌原子在三个状态下的分波态密度

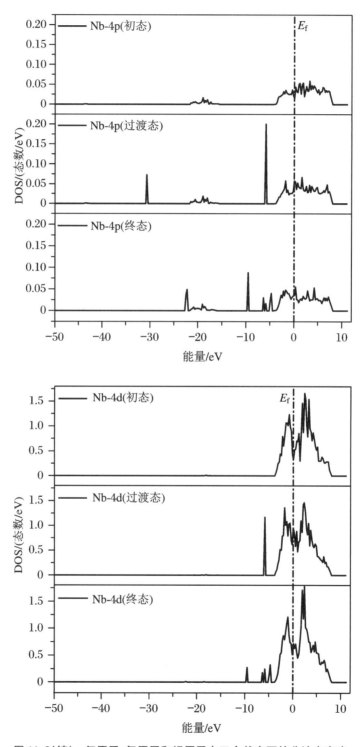

图 11.9(续)　氢原子、氧原子和铌原子在三个状态下的分波态密度

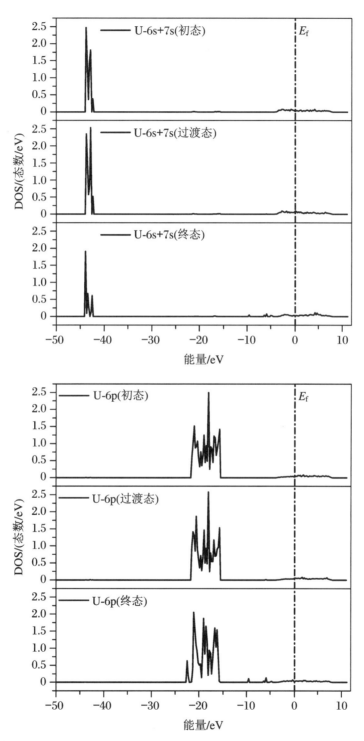

图 11.10　铀原子在三个状态下的分波态密度

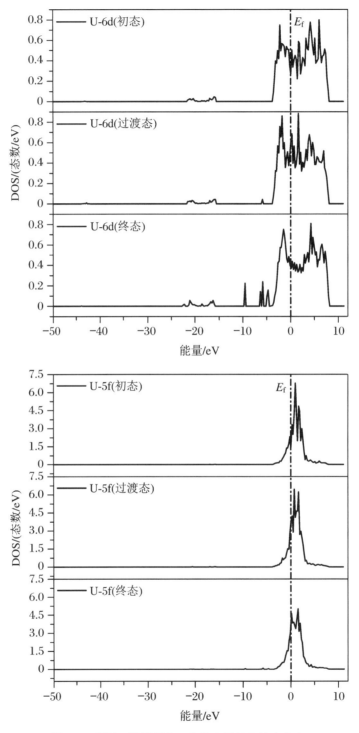

图 11.10(续)　铀原子在三个状态下的分波态密度

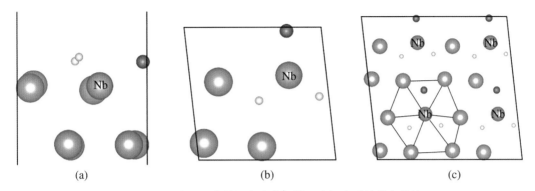

(a)　　　　　　　(b)　　　　　　　(c)

图 11.11　水分子在铀铌合金表面第二步解离后的终态结构

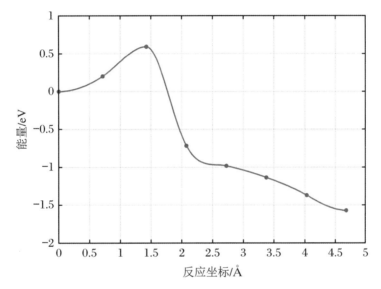

图 11.12　水分子在铀铌合金表面第二步解离的最小能量路径

　　图 11.13 为水分子发生第二步解离的过程中结构的变化,图(b)为过渡态结构。氧原子与表面原子之间的相互作用更为强烈,而氢原子相比较而言更容易在表面移动,因此,OH⁻解离后,两个氢原子在 Nb 原子周围的洞位间逐步移动,最终在原子间相互排斥的作用下,均匀分布在间隔的洞位中,形成稳定的化学吸附结构。

　　为进一步分析在 OH⁻ 解离过程中原子间相互作用的变化情况,对氧原子和第二步解离后距离其最近的铀原子和铌原子的电子态密度进行了计算,图 11.14(a)、(b)分别为初态和终态时三个原子的局域态密度。通过对比可以看到,初态时,OH⁻ 中的氧原子与水分子中的氧原子具有相似的态密度特征,OH⁻ 与表面之间的相互作用主要取决于其中的氧原子和表面铌原子、铀原子之间通过轨道杂化形成化学键;终态时,氧原子的态密度分布特征发生了显著的变化,与表面铀原子和铌原子之间的轨道杂化形式也发生了显著的改变,杂化峰的位置提升到 -5 eV 的位置,且以该处的杂化作用为主,表明第二步解离后单个氧原子与表面原子之间的相互作用更为强烈和稳定。

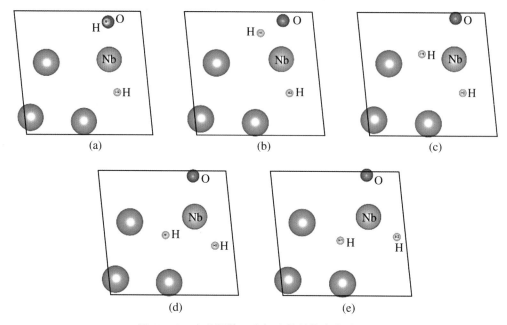

图 11.13   水分子第二步解离的结构变化过程

11.3.3   氢原子的脱附

为分析水分子和氢气分子解离后氢原子脱附难易程度的变化,计算了两种情况下氢原子脱附所需的能量。作为对比,分别计算了氢气分子解离后单个氢原子从表面脱附、水分子经历第一步解离后氢原子从表面脱附和第二步解离后单个氢原子从表面脱附的能量,通过氢原子脱附前后吸附体系总能量的变化,分析氢原子在不同条件下脱附的难易程度。

图 11.15 为上述三种情况氢原子脱附的示意图(而非真实的脱附路径),同时也是体系总能量的计算模型。图 11.15(a)中氢气分子首先发生解离,而后两个氢原子吸附于表面洞位,其中一个氢原子脱附需要克服的能量势垒的计算结果为 3.5226 eV;图 11.15(b)中水分子发生第一步解离后,与氧原子断开化学键并吸附于表面洞位的氢原子发生脱附需要克服的能量势垒的计算结果为 3.2963 eV;图 11.15(c)中水分子发生第二步解离,两个氢原子分别吸附于表面洞位,其中一个发生脱附需要克服的能量势垒的计算结果为 3.3662 eV。

可以看到,当水分子在铀铌合金表面解离吸附后,由于氧原子的存在,氢原子发生脱附需要克服的能量势垒减小,即表面对氢原子的吸附能力有所减弱,这就导致氢原子在一定条件下能够脱离表面成为游离态,两个氢原子脱附便能组合成氢气分子。

以上结果表明,水分子以分子形态物理吸附于铀铌合金表面之后,几乎不需要从外界吸收能量,便能够解离成 OH^- 和 H^+,并化学吸附于表面洞位,形成较为稳定的结构;OH^- 在克服 0.5925 eV 的能量势垒后,会进一步解离并吸附于表面之上,形成更为稳定的结构。综合以上两个过程,水分子吸附于铀铌合金表面时,能够容易地发生解离,OH^- 能够与表面形成强烈的相互作用,使表面对氢原子的吸附作用减弱,并使其脱附难度降低。尤其值得注意的是,第一步解离后的氢原子比第二步解离后的氢原子更易发生脱附。

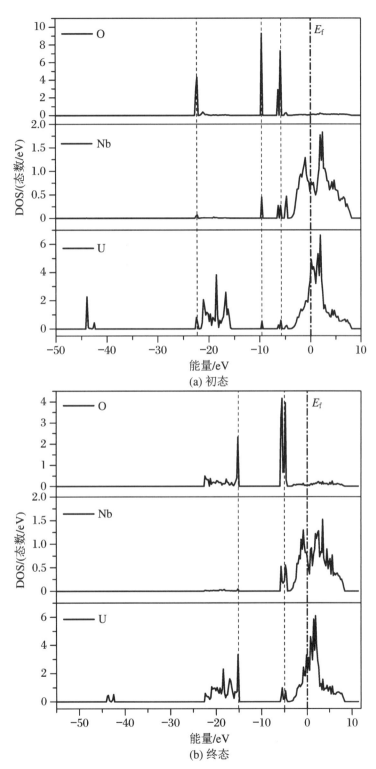

图 11.14　水分子第二步解离前后态密度的变化

分析第一步解离时各原子分波态密度的变化情况,可以知道,第二步解离后从 OH^- 中脱离的氢原子也会化学吸附于表面上并与表面原子形成新的化学键,最终水分子完全解离,其中的三个原子均以化学吸附的形式存在于铀铌合金的表面。

 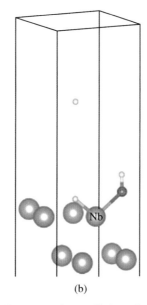 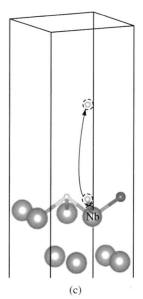

        (a)   (b)   (c)

图 11.15 氢原子从表面脱附

本 章 小 结

水分子与金属发生反应时,形成的 OH^- 是初期氧化反应的重要成分。在铀铌合金的表面氧化腐蚀中,水汽的作用更显复杂和重要。本章对水分子在铀铌合金表面的吸附和解离过程进行了研究,分析了水分子与表面之间作用的初期微观机理。

水分子是极性分子,当其接近铀铌合金表面时,以氧端物理吸附于表面原子的顶位,水分子保持其分子形态,达到稳定吸附时,其分子平面与铀铌合金的表面基本平行。分别吸附于铌原子顶位和铀原子顶位时,由于铀原子对水分子中的氧原子产生的吸引力更大,使 O 的 2s 轨道的电子状态发生了较为明显的变化,这与氧原子化学吸附于表面并与表面铀原子形成化学键的情形类似。

水分子吸附后,只需要克服 0.0434 eV 的能量势垒即能发生解离,形成 OH^- 和 H^+,能量势垒的大小与氢气分子在表面解离时(0.0402 eV)相当,这表明铀铌合金在纯水汽环境中发生氧化腐蚀是非常迅速的(实验证明,金属铀在水蒸气中的腐蚀速率大于在纯氧环境中的腐蚀速率,当然,这是大时间和空间尺度下宏观化学反应动力学的结果)。

OH^- 具有强的化学活性,在反应初期发挥了重要作用,当其吸附于表面后,仍能继续发生解离,而在这一过程中仅需克服 0.5925 eV 的能量势垒;解离出的 H^+ 由于与表面之间的吸附作用较弱,有可能会两两重新组合并形成氢气分子,逸出表面或物理吸附于表面。

第 12 章 O_2/H_2O 在 U-12.5%(at)Nb 表面的共吸附

研究表明,金属铀在潮湿氧气的氛围中也会发生快速的表面腐蚀现象,且腐蚀速率相比处于干燥氧气环境中显著加快。在实践中,铀铌合金部件所处的真实环境氛围不可避免地具有一定的湿度,因此对氧气和水蒸气在铀铌合金表面的共同作用进行研究非常重要。不同种类的小分子同时在金属表面吸附的问题称为共吸附问题。研究此类问题时模型复杂,影响因素多,计算量大,需要花费大量时间进行不断地尝试和修正,才能得到可靠的结果。目前,尚未见到相关研究成果公开发表。

本章对氧气分子和水分子共同吸附于铀铌合金表面的问题进行了研究,首先考虑氧气分子和水分子共同吸附于铀铌合金表面的共吸附情形,然后考虑吸附后分子的解离情况,对两种分子的整个共同作用过程进行初步分析。

12.1 计 算 方 法

与前文模型不同的是,在初始构型中,两种分子的比例和初始放置姿态变化非常复杂。为简便起见,并综合考虑前两章中铀铌合金表面吸附氧气分子和水分子时的结果,最终选择一个氧气分子和一个水分子均匀地放置在 U-12.5%(at)Nb 的{010}面上,如图 12.1 所示,图(a)中仅显示了切片模型表面两层电子,图(b)为俯视图,未标示的原子均为 U 原子。考虑到计算量的规模,继续采用(1×1)切片超胞模型,表面覆盖度为 0.5 ML,共吸附的吸附能定义为

$$E_{ads} = E_{切片} + E_{H_2O} + E_{O_2} - E_{切片+H_2O+O_2} \qquad (12.1)$$

其中 $E_{切片}$ 是 U-12.5%(at)Nb 的清洁{010}表面进行结构优化后的总能量,E_{H_2O}、E_{O_2} 分别是游离态水分子和氧气分子进行结构优化后的能量,$E_{切片+H_2O+O_2}$ 是整个吸附体系进行结构优化达到稳定状态后的能量。吸附能为正值时,表示吸附是稳定的。

对图 12.1 中的结构进行优化弛豫后得到稳定的吸附构型,在此基础上进一步研究分子的解离行为,尤其是水分子的解离行为,以期从微观层面探索铀铌合金在潮湿空气(或真实环境)中的表面腐蚀机理。

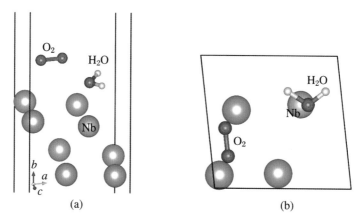

图 12.1   氧气分子和水分子在铀铌合金表面吸附的初始构型

12.2   氧气分子和水分子在铀铌合金表面的共吸附

12.2.1   吸附构型和吸附能

对初始构型分别进行计算,得到的稳定吸附结果如图 12.2 所示,图(a)的视角与图 12.1(a)对应一致,为方便查看,图(b)在 c 轴方向扩展为原来的 2 倍,图中标号相同的原子为同一个原子。

由图可以看到,当氧气分子和水分子同时靠近铀铌合金的表面时,氧气分子直接发生解离,以氧原子的形式吸附于铀铌合金的表面,因此铀铌合金表面对氧气的吸附属于化学吸附;而水分子仍保持分子形态,相比氧气分子解离后吸附的氧原子(图中标示 O1、O2),与铀铌合金表面的距离更远一些,因此属于物理吸附。可见,当氧气分子和水分子共吸附于铀铌合金表面时,从吸附构型看,与氧气分子或水分子单独吸附时基本一致:氧气分子解离后发生化学吸附,而水分子仍为物理吸附。

该体系最终计算得到的吸附能为 E_{ads} = 12.2452 eV,其几何结构参数见表 12.1,表中 $h_{O1\text{-}Nb/U}$、$h_{O2\text{-}Nb/U}$ 分别表示氧气分子的两个氧原子与铀铌合金表面 Nb 原子或 U 原子之间的最近距离,$h_{H\text{-}Nb/U}$ 表示水分子中的两个氢原子与铀铌合金表面 Nb 原子或 U 原子之间的最近距离。对于氧气分子而言,由于其较强的化学活性,O—O 键在表面原子的作用下极易发生断裂,导致氧分子解离成两个氧原子,氧原子稳定吸附后与表面原子之间的最近距离和单独解离吸附时基本一致,氧原子分别占据间隔的两个洞位。水分子的吸附结构与其单独吸附时有所不同,一是水分子的键角没有增大,与游离态时一致;二是水分子的两个氢原子距离表面更近,其中一个氢原子的 H—O 键与表面法线夹角为 107.1°,明显其被表面原子所吸引。

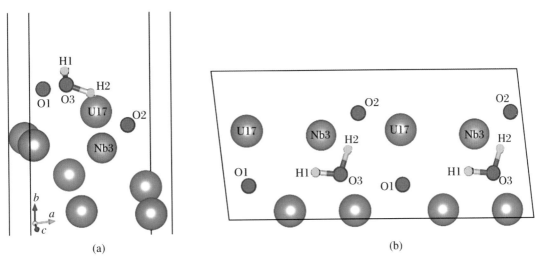

图 12.2　氧气分子和水分子在铀铌合金表面后的稳定构型

表 12.1　氧气分子和水分子吸附于铀铌合金表面后的几何结构参数

O₂		H₂O					
$h_{O1\text{-}Nb/U}$ /Å	$h_{O2\text{-}Nb/U}$ /Å	H—O—H 键角	O—H 键长 $R_{O\text{-}H}$/Å		$h_{O\text{-}Nb/U}$ /Å	$h_{H\text{-}Nb/U}$ /Å	H—O 键与表面法线的夹角 φ
2.1859	2.1454	104.5°	0.9961	0.9765	2.6374	3.1177　2.9780	82.7°　107.1°

综合共吸附构型的几何参数,两个分子吸附于表面之后对表面的排斥作用更加明显,使得表面原子发生了较大的位移,如图 12.3 所示,其中 Nb 原子(Nb3)向基底收缩 0.1828 Å,U 原子(U7)向外膨胀 0.6597 Å,U 原子(U10)向基底收缩 0.1353 Å,U 原子(U17)向外膨胀 0.0444 Å。铀铌合金表面原子的移动一方面体现了吸附物对其排斥作用,另一方面也表明氧原子与表面原子之间强烈的相互作用,这与实验中所观察到的铀铌合金表面极易形成氧化物的现象是一致的。

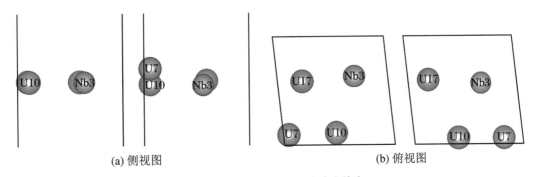

(a) 侧视图　　　　　　　　　　(b) 俯视图

图 12.3　吸附后表面原子的弛豫效应

12.2.2　态密度分析

　　由于氧气分子与水分子在铀铌合金表面共吸附时的情形较为复杂,既有解离后的化学吸附,又有物理吸附,为进一步分析共吸附后原子间的相互作用,对吸附体系的电子态密度进行了计算,图 12.4 为体系中部分原子的分波态密度。

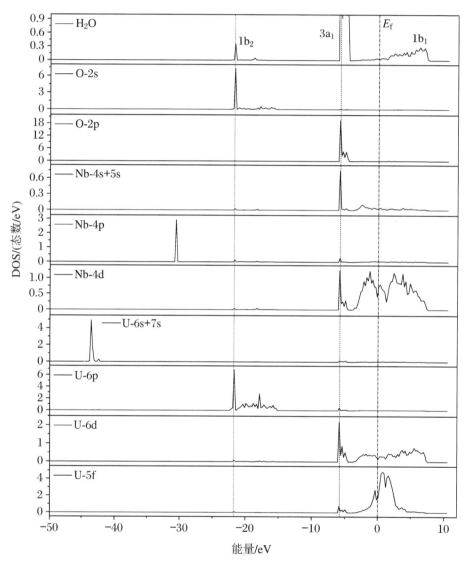

图 12.4　氧气分子和水分子在铀铌合金表面吸附后的分波态密度

　　图 12.4 中选取的原子或分子为水分子、氧分子解离吸附后的一个氧原子、表面铌原子和距离水分子中氧原子最近的表面铀原子。水分子的分子轨道与铌原子和铀原子之间均有轨道杂化现象,表明水分子与表面之间虽然为物理吸附,但吸附作用较强;氧气分子解离后的两个氧原子直接吸附于表面,使得铌原子与氧原子之间的成键作用明显,同时也与水分子中的氧原子有较为显著的相互作用,主要是铌原子的 5s、4d 轨道的电子参与了轨道杂化;对

于铀原子,其 6p 轨道与氧原子的 2s 轨道形成了明显的杂化,而 6d 轨道依然是化学键的主要组成部分,值得注意的是,5f 轨道的电子也出现了明显的重新分布,产生了新尖峰,表明5f 轨道参与成键后局域性有所降低。可见,虽然水分子物理吸附于表面上,但水分子与表面之间的相互作用较其单独吸附时更为强烈。

12.3　共吸附后水分子在铀铌合金表面的解离

根据前文的研究结果,当水分子单独吸附于铀铌合金表面时,能够完全解离成原子,并化学吸附于表面。本节采用 CI-NEB 方法对共吸附之后水分子的解离过程进行研究,与水分子单独吸附解离时一样,分为两步:第一步是水分子解离成 OH⁻ 和 H⁺,第二步是 OH⁻ 进一步发生解离。通过对两个过程的研究,得到水分子解离的全过程。

12.3.1　水分子的第一步解离

以氧气分子和水分子共吸附的最终稳定吸附构型为初态构型,并基于此结构人为打断距离表面最近的氢原子与氧原子之间的 H—O 键,通过结构优化得到终态结构。如图 12.5所示,水分子解离成 OH⁻ 和 H⁺,OH⁻ 吸附于就近的洞位,而 H⁺ 吸附于间隔相邻的桥位。原先氧气分子解离吸附的两个氧原子的位置基本未发生移动。

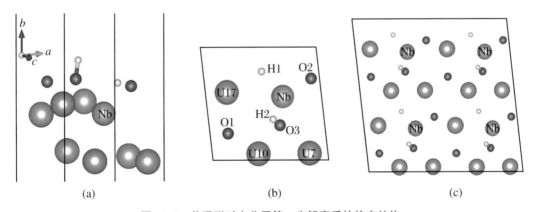

(a)　　　　　　　　　(b)　　　　　　　　　(c)

图 12.5　共吸附时水分子第一步解离后的终态结构

经过计算,得到水分子第一步解离的最小能量路径如图 12.6 所示。与水分子单独吸附时的第一步解离不同,共吸附时水分子的第一次 H—O 键断裂需要克服 0.9536 eV 的能量势垒。出现这种现象的原因是:共吸附时,氧气分子首先解离并吸附于铀铌合金的表面,使得表面对水分子原本就不强烈的物理吸附作用进一步减弱,致使水分子的 H—O 键断裂时需要克服更大的能量势垒。终态的总能量比初态低 1.031 eV,表明水分子经过第一步解离后形成的结构更为稳定。

解离过程的过渡态结构如图 12.7 所示,与图 12.2 中的初态相比,水分子首先从桥位向洞位移动,同时水分子的两个氢原子上翘,位置接近表面的氢原子与氧原子之间的 H—O 键被打断，两者的距离被拉伸至 1.2277 Å；OH⁻ 吸附于洞位，而 H⁺ 在表面移动一段距离，最终吸附于间隔的桥位。OH⁻ 中的氧原子和 H⁺ 与表面原子之间的最近距离分别为 2.2767 Å、2.1094 Å，表明水分子第一步解离后的原子化学吸附于铀铌合金的表面。

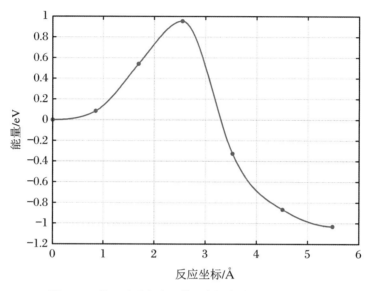

图 12.6　共吸附时水分子第一步解离的最小能量路径

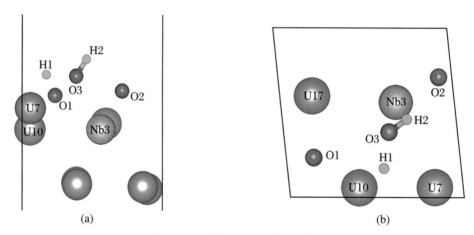

图 12.7　共吸附时水分子第一步解离过程的过渡态结构

　　共吸附时，尽管水分子发生解离的难度增大，但这并不意味着水分子不参与表面反应。水分子发生解离后产生的 OH⁻ 有可能对氧气在铀铌合金表面形成的氧化膜造成破坏，这有待实验进一步验证。

12.3.2　水分子的第二步解离

　　在水分子第一步解离的基础上，继续考察 OH⁻ 的解离过程。以第一步解离后的终态结构为第二步解离的初态，并在初态结构中打断 OH⁻，以通过结构优化寻找终态结构。图

12.8 为最终得到的终态结构。与水分子单独吸附时的第二步解离不同,共吸附时水分子第二步解离生成的两个氢原子并未吸附于铀铌合金表面,而是形成氢气分子后逸出,仅剩氧原子吸附于表面。

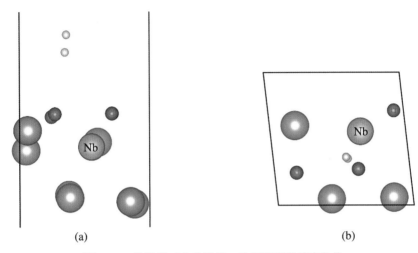

图 12.8　共吸附时水分子第二步解离后的终态结构

第二步解离过程的最小能量路径如图 12.9 所示。由于第一步解离后 OH^- 化学吸附于表面上,因此 OH^- 需要克服 $0.7842\,eV$ 的能量势垒才能解离。解离后氧原子仍吸附于洞位,而两个氢原子形成一个氢气分子逸出表面后,以物理吸附的形式吸附于表面,与表面的距离约 $3\,Å$。终态的总能量较初态低 $0.3859\,eV$,表明水分子经过第二步解离后的表面吸附体系更为稳定。

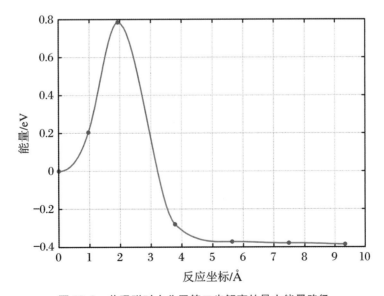

图 12.9　共吸附时水分子第二步解离的最小能量路径

水分子第二步解离过程的过渡态结构如图 12.10 所示。OH^- 的键长从 $0.973\,Å$ 拉伸至

1.209 Å,H—O 键与表面法线的夹角从 28.1°增大至 67.6°。这一过程需要从外界吸收 0.7842 eV 的能量方能完成。H—O 键断裂后,两个氢原子迅速形成氢气分子。

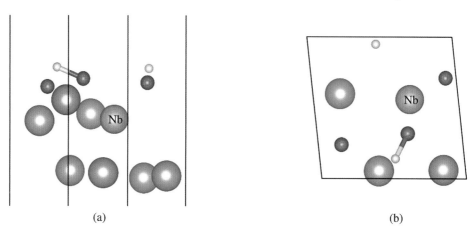

图 12.10 共吸附时水分子第二步解离的过渡态结构

12.3.3 氢原子的脱附

11.3.3 小节已经对水分子解离后氢原子的脱附情况进行了分析,本小节对氧气分子和水分子共吸附体系与 11.3.3 小节中的体系进行进一步对比。

已经知道,共吸附时,水分子发生第二步解离后,两个氢原子并未化学吸附于铀铌合金的表面,而是直接组合成氢气分子后逸出。图 12.11 为水分子第一步解离后,从水分子中脱离的氢原子从表面脱附的示意图,计算结果表明,氢原子需要克服的能量势垒为 2.9635 eV。表 12.2 中列出了不同形式的脱附能量势垒,表明有氧存在时,氢原子更易发生脱附,并将形成氢气分子。

表 12.2　不同体系的脱附能量势垒

氢原子脱附形式	脱附能量势垒 $\Delta E/\mathrm{eV}$
氢气解离后的脱附	3.5226
水分子第一步解离后的脱附	3.2963
水分子第二步解离后的脱附	3.3662
共吸附时水分子第一步解离后的脱附	2.9635

综上所述,当氧气分子和水分子共吸附于铀铌合金表面时,氧气分子直接解离成氧原子并化学吸附于表面之上,同时水分子物理吸附于表面之上;继而水分子克服 0.9536 eV 的能量势垒解离成 OH^- 和 H^+,并分别化学吸附于表面之上,形成更为稳定的吸附体系,同时由于氧的存在,表面对氢原子的吸附作用进一步减弱;当 OH^- 克服 0.7842 eV 的能量势垒后将进一步发生解离,氧原子化学吸附于表面之上,而两个氢原子组合成氢气分子后逸出表面。

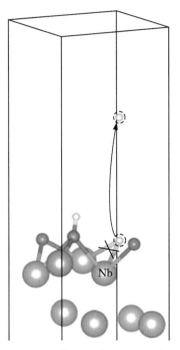

图 12.11　共吸附时氢原子的脱附

本 章 小 结

　　潮湿空气是现实世界中发生腐蚀的重要环境氛围。一般而言,金属材料处于潮湿空气中,在氧气和水汽的共同作用下,发生一系列复杂的化学反应(金属铀在潮湿空气中的氧化反应机理到目前为止仍不完全清楚),使表面产生严重的氧化腐蚀。这一过程首先涉及的是两种分子的共吸附和吸附后的解离问题,即本章的研究重点。

　　当氧气分子和水分子同时靠近铀铌合金表面时,氧气分子不出意外地直接发生解离,氧原子化学吸附于表面之上;水分子首先物理吸附于铀铌合金表面,随后发生的解离需要克服的能量势垒却比单独吸附时显著增大,由 0.0434 eV 增至 0.9536 eV,可见,氧气的吸附阻碍了水分子的解离。

　　水分子第一步解离后,氢原子与表面之间的吸附作用减弱,在一定条件下能够发生脱附并会生成氢气分子;OH⁻ 继续发生解离需要克服的能量势垒有所减小,为 0.7842 eV,而解离出的氢原子直接与另一个氢原子组合成氢气分子,逸出表面。

第 13 章　气体分子在铀铌合金表面的反应速率

腐蚀是影响金属材料可靠性和服役寿命的最重要因素。当金属暴露于气体氛围中时，其表面原子会与气体小分子发生相互作用，即吸附现象。应当说，对于金属或合金材料，表面腐蚀是其使用过程中最重要、最严重的腐蚀类型，而吸附是所有表面腐蚀的根源。因此，从表面吸附特性出发，才能从理论上分析发生腐蚀的机理，并由此探索防腐蚀技术措施。

铀铌合金作为核科学和核工业领域的重要核材料，最先以其优于金属铀的显著的抗腐蚀性能得到了极大的重视，并在关键核材料部件中得以使用。通常情况下，铀铌合金部件在生产出厂后，直至使用之前，一直处于贮存状态，贮存时间可达几十年，这是考验其抗腐蚀性能的最重要的阶段。

我国在铀合金的研究方面起步较晚，尤其是对铀铌合金在贮存状态下的腐蚀现象的研究还处于起步阶段。根据已有的铀铌合金部件在贮存期的检查，虽然铀铌合金相比金属铀具有明显的抗腐蚀能力，但在长期贮存过程中，其腐蚀情况仍是不容忽视的：随着贮存时间的延长，铀铌合金也出现了明显的腐蚀，且腐蚀程度对其使役性能的影响尚不明确，这给铀铌合金部件继续服役的可靠性评估带来了很大的困难。因此，研究铀铌合金在贮存过程中的腐蚀机理，对探索延长铀铌合金材料部件使用寿命的技术措施具有重大的现实意义。

在腐蚀过程中，化学反应速率是非常重要的，只有快速的腐蚀过程才是有实际意义并应得到重视的，而所谓防腐蚀技术的本质也是延缓腐蚀速率。本章基于本书已经得到的计算结果，计算化学反应过程的速率，并以此反映出铀铌合金表面腐蚀的快慢和特点。

13.1　基于过渡态理论的化学过程速率

为避免"化学反应"这一名词引发歧义，本节标题谨慎地使用了"过程"一词。一个反应体系从一个状态运动（或转变）到另一个状态，存在无数可能的运动轨迹，但其中具有特殊意义的一条轨迹是在两个状态间能量变化最小的轨迹。这条特殊的轨迹就是最小能量路径 MEP。图 13.1 是一个一维情况下单个原子在势能面上运动的最小能量路径示例，图中曲线的极大值点即过渡态（势能面上的鞍点）的能量，能量势垒为 $0.36\,\text{eV}$。根据过渡态理论，从初态 A 到终态 B 的跳动速率（rate of hopping）为

$$k_{\text{A}\to\text{B}} = \frac{1}{2}\nu p \tag{13.1}$$

其中 ν 表示跳动原子的平均热速度，p 为原子出现在过渡态时的概率，$\frac{1}{2}$ 表示的意义是：在原子出现在过渡态的所有可能形式中，只有其中一半是朝向右侧运动的（另一半朝向左侧运动）。根据统计力学，式中的 ν 和 p 可以进行解析表示，并有

$$k_{\text{A}\to\text{B}} = \frac{1}{2}\sqrt{\frac{2}{\beta\pi m}}\frac{\text{e}^{-\beta E^{\dagger}}}{\int_{A}\text{d}x\,\text{e}^{-\beta E(x)}} \tag{13.2}$$

其中 $\beta = 1/(k_{\text{B}}T)$，$k_{\text{B}}$ 为玻尔兹曼常数；m 为原子质量，$E^{\dagger}$ 表示过渡态能量。

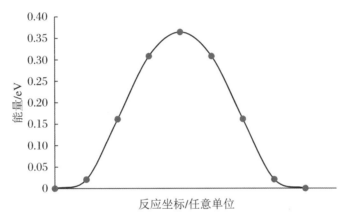

图 13.1　最小能量路径示例

根据过渡态的振动特征，可将式(13.2)最终表示为

$$k_{\text{A}\to\text{B}} = \nu\exp\left(-\frac{E^{\dagger}-E_{\text{A}}}{k_{\text{B}}T}\right) \tag{13.3}$$

其中 ν 为势能最低点处原子的振动频率。这一结果称为谐波过渡态理论(harmonic transition state theory, HTST)。该速率值仅与两个物理量有关：振动频率 ν 和活化能 $\Delta E = E^{\dagger} - E_{\text{A}}$。式(13.3)就是著名的阿伦尼乌斯(Arrhenius)化学反应速率表达式。

对于具有 N 个自由度的多维体系，阿伦尼乌斯方程可表示为

$$k_{\text{A}\to\text{B}} = \frac{\nu_1\nu_2\cdots\nu_N}{\nu_1^{\dagger}\cdots\nu_{N-1}^{\dagger}}\exp\left(-\frac{\Delta E}{k_{\text{B}}T}\right) \tag{13.4}$$

其中 ΔE 为活化能，ν_i 为对应于能量最低点的振动频率，$\nu_j^{\dagger}$ 为对应于过渡态的实振动频率（过渡态有且仅有一个虚频）。

分析式中的各个因子，可以发现各因子对反应速率的影响程度是不同的：

(1) 振动频率 ν。一个典型的原子振动周期是 $0.1 \sim 1$ ps，即频率为 $10^{12} \sim 10^{13}$ Hz。

(2) 温度 T 和活化能 ΔE。这一项的影响特点是：当温度改变较小时，结果就有若干数量级的变化。

因此，在用过渡态理论进行化学反应速率计算时，应尽可能精确地计算活化能的数值，而不是通过计算获得一个精确的振动频率值。在实际应用时，通常都采用简单的估算值 ν

$=10^{12}\sim10^{13}$ Hz。

同时也应看到，任何宏观的表面腐蚀现象的发生都是非常复杂的物理化学过程（如氢气与氧气反应生成水的过程，需要经过十多步反应历程），在随时间演变的过程中，涉及一系列非平衡态化学反应的不断发生，这一问题属于体系动力学（化学动力学）的范畴。量子化学与过渡态理论使得从理论入手研究化学反应动力学成为可能，结合经典统计力学的方法，可以计算出某个过程的速率。

可见，根据本书已经得到的计算结果，结合过渡态理论计算化学反应速率的方法，可以初步估计出氢气分子、氧气分子和水分子在铀铌合金表面解离和扩散的速率，从化学动力学角度对铀铌合金的表面反应提供有意义的认识。基于式(13.4)及其影响因素分析，本书计算化学反应速率时，注重尽可能获得精确的活化能，而对振动频率一律采用估算值 $\nu=10^{12}\sim10^{13}$ Hz，由此可将式简化为

$$k_{A\to B} = \nu\exp\left(-\frac{\Delta E}{k_B T}\right) \tag{13.5}$$

室温下，$k_B T\dot=0.02585$ eV。

13.2　气体分子在铀铌合金表面解离和扩散过程的速率

式(13.5)给出了非常简洁的描述化学过程速率的估算方法，结合 H_2、O_2、H_2O 和 O_2/H_2O 体系在铀铌合金表面解离和扩散的能量势垒（即活化能 ΔE），可以容易地得到室温下解离或扩散过程的速率，见表13.1。

表13.1　各吸附体系在铀铌合金表面解离和扩散过程的速率

过程		活化能 ΔE/eV	反应速率/s^{-1}
H_2	解离	0.0402	$2.112\times(10^{12}\sim10^{13})$
	表面扩散	0.0872	$3.427\times(10^{10}\sim10^{11})$
O_2	表面扩散	0.1030	$1.860\times(10^{10}\sim10^{11})$
	向内扩散	2.8084	$6.566\times(10^{-36}\sim10^{-35})$
H_2O	解离1①	0.0434	$1.866\times(10^{11}\sim10^{12})$
	解离2②	0.5925	$1.111\times(10^2\sim10^3)$
O_2/H_2O	解离1③	0.9536	$9.528\times(10^{-5}\sim10^{-4})$
	解离2④	0.7842	$6.683\times(10^{-2}\sim10^{-1})$

注：① 表示水分子解离成 H、OH 并吸附于表面上；
② 表示在水分子第一步解离的基础上，OH 解离并吸附于表面上；
③ 表示在氧气分子已经解离吸附的前提下，水分子解离成 H、OH 并吸附于表面上；
④ 表示在解离1的基础上，OH 解离并形成氢气分子，氢气分子物理吸附于表面上。

13.3　结　果　分　析

由表 13.1 中各个过程速率的计算结果可以看到,不同过程的发生速率在数量级上具有显著的差别,通过比较、分析,可以得到以下结论:

首先,除氧气分子直接解离吸附外,氢气分子和水分子发生解离的速率都是相当快的(分别达到 $2.112 \times 10^{12 \sim 13}$ s^{-1} 和 $1.866 \times 10^{11 \sim 12}$ s^{-1}),表明当二者靠近铀铌合金的表面时,几乎能够与氧气分子一样,迅速发生解离并化学吸附于表面之上。对于铀铌合金而言,一般其所处环境氛围中氧气和水汽含量是相对较高的,而氢气含量很少(氢的来源主要是水分子在铀铌合金表面反应后生成的氢气或周围有机物分解放出的氢气,还有一部分是铀铌合金内部掺杂的氢杂质偏析向表面富集),因此,铀铌合金暴露于氧气或水汽当中时,会迅速在其表面吸附氧气分子和水分子并使其发生解离,形成强烈的化学吸附。

其次,氢原子和氧原子都能容易地在铀铌合金表面发生扩散,扩散速率分别为 $3.427 \times 10^{10 \sim 11}$ s^{-1}、$1.860 \times 10^{10 \sim 11}$ s^{-1}。但表面扩散对于腐蚀的深层生长意义不大,重要的是向基底内部的扩散,前文中的计算结果显示,虽然氢原子不易向基底内部扩散,但极易在表面扩散,形成氢蚀层的速度是很快的;而氧原子在克服一定的能量势垒后,不但能够向基底内部扩散(速率为 $6.566 \times 10^{-36 \sim -35}$ s^{-1}),而且形成了稳定氧化物的雏形。

再次,当仅有水分子存在时,水分子能迅速解离并形成强烈的化学吸附;而当有氧气分子和水分子共同存在时,由于氧原子吸附于表面形成氧化层,使得水分子在表面吸附后继续解离的难度显著增大,速率降至 $9.528 \times 10^{-5 \sim -4}$ s^{-1}。这是因为氧原子与 OH^- 同样是吸附于洞位,氧原子优先吸附占据洞位后,阻塞了水分子进行解离的吸附点,显著增大了水分子的解离难度。

最后,无论是水分子单独吸附还是氧气分子与水分子共吸附,水分子中的氢原子解离出来之后,由于其在有氧吸附的表面上吸附力较低,难以稳定地存在于表面上,且两个氢原子能够重新组合成氢气分子,最终逸出表面或物理吸附于表面。尤其是共吸附的情形,由于氧气分子的大量吸附,直接导致水分子解离后的氢原子难以在表面形成稳定吸附,更难以产生氢化物。这表明,在氧化腐蚀的初期阶段,重要的是氧化物的生成,而氢化物是否生成并不重要。

本　章　小　结

第一性原理计算在量子力学的有力支持下所展示出的描述客观世界的威力是巨大的,尽管由于理论发展的局限和计算能力的限制,到目前为止,微观世界与宏观世界之间仍不能进行"无缝连接",但是我们仍然可以针对某一具体问题,在一定程度上将第一性原理和经典理论结合,基于微观机理描述宏观规律。

过渡态理论结合统计力学,能够从微观层面的计算结果给出宏观化学动力学所需的一些基本要素。基于此,本章对氢气、氧气、水汽、氧气/水汽等在铀铌合金表面吸附体系的解离和/或扩散过程的速率进行了计算分析,得到了铀铌合金表面在不同气氛中与气体分子发生反应的化学动力学基本描述。

　　当铀铌合金处于单一组分的氛围中时,氢化或氧化的机理相对简单。当有水存在时,反应机理变得复杂。到目前为止,对于金属铀在潮湿空气中的反应机制尚未达成共识,本章对各吸附体系的初期反应阶段的主要特征进行了研究,同时也应看到,后续的反应会更加复杂,需要更为深入的研究。

参 考 文 献

[1] Vandermeer R A. An overview-constitution, structure, and transformation in uranium and uranium alloys, Y/DV-207[R]. U. S. Department of Energy, 1982.

[2] Vandermeer R A, Ogle J C, Northcutt W G J. A Phenomenological study of the shape memory effect in polycrystalline uranium-niobium alloys[J]. Metallurgical Transaction A, 1981, 12: 733-741.

[3] Hemperly V C. Characterization of the uranium-2. 25 weight percent niobium alloy, Y-1998[R]. U. S. Atomic Energy Commission, 1975.

[4] Jackson R J. Isothermal transformations of uranium-13 atomic percent niobium, RFP-1609[R]. U. S. Atomic Energy Commission, 1971.

[5] Anagnostidis M, Colombie M, Monti H. Metastable phases in the alloys uranium-niobium[J]. J. Nucl. Mater. , 1964(11): 67-76.

[6] D'Amato C, Saraceno F S, Wilson T B. Phase transformations and equilibrium structures in uranium-rich niobium alloys[J]. J. Nucl. Mater. , 1964, 12: 192-204.

[7] Anagnostidis M, Colombie M, Monti H. Phases metastables dans les alliages uranium-niobium[J]. J. Nucl. Mater. , 1964, 11: 67-76.

[8] Jackson R J. Reversible martensitic transformations between transition phases of uranium-base niobium alloys, RFP-1535[R]. U. S. Atomic Energy Commission, 1970.

[9] Jackson R J, Boland J F. Transformation kinetics and mechanical properties of the uranium-7. 5wt%niobium-2. 5wt%zirconium ternary alloy, RFP-1652[R]. U. S. Atomic Energy Commission, 1971.

[10] Pfeil P C L, Browne J D, Williamson G K. Uranium-Niobium alloy system in the solid state[J]. J. Inst. Metals, 1959, 87: 204-208.

[11] Sunwoo A J, Hiromoto D S. Effects of natural aging on the tensile properties of water-quenched U-6%Nb alloy[J]. J. Nucl. Mater. , 2004, 327: 37-45.

[12] Jackson R J. Elastic, plastic, and strength properties of U-Nb and U-Nb-Zr alloys[M]. Chestnut Hill: Brook Hill Publishing Company, 1976.

[13] Snyder W B J. Homogenization of arc-melted uranium-6 weight percent niobium alloy ingots, Y-2102[R]. U. S. Department of Energy, 1978.

[14] Jackson R J, Boland J R. Mechanical properties of uranium-base niobium alloys, RFP-1703[R]. U. S. Atomic Energy Commission, 1971.

[15] Jackson R J. Mechanical properties of continuously cooled uranium-2. 4 weight percent niobium alloy, RFP-3040[R]. U. S. Atomic Energy Commission, 1981.

[16] Chancellor W, Wolfenden A. Temperature dependence of young's modulus and shear modulus in uranium-2.4wt% niobium alloy[J]. J. Nucl. Mater., 1990, 171: 389-394.

[17] Jackson R J, Bragger R P, Miley D V. Tensile properties of gamma quenched and aged uranium-rich niobium alloys, RFP-933[R]. U.S. Atomic Energy Commission, 1967.

[18] Wood D H, Dini J W. Tensile testing of U-5.3wt% Nb and U-6.8wt% Nb alloy[J]. J. Nucl. Mater., 1983, 114: 199-207.

[19] Kollie T G, Anderson R C, Carpenter D A, et al. The effect of extrusion texture on the linear thermal contraction and mechanical properties of the uranium-2.4wt% niobium alloy[J]. J. Nucl. Mater., 1984, 11: 160-169.

[20] Jackson R J. Uranium-niobium alloys: annotated bibliography, RFP-2106[R]. U.S. Atomic Energy Commission, 1974.

[21] 伯克,等.铀合金物理冶金[M].石琪,译.北京:原子能出版社,1983.

[22] 张小英.U-Nb合金显微组织分析[R].中国工程物理研究院,2001.

[23] 任大鹏.铀铌合金的 TEM 研究[R].中国工程物理研究院,1991.

[24] 杨建雄.铀铌合金的时效研究[R].中国工程物理研究院,2002.

[25] 柏艳辉.铀铌合金塑性成形工艺对力学性能的影响研究[R].中国工程物理研究院,2001.

[26] 张鹏程.铀铌合金组织、结构及力学性能[R].中国工程物理研究院,1998.

[27] Zubelewicz A, Addessio F L, Cady C M. A constitutive model for a uranium-niobium alloy[J]. Journal of Applied Physics, 2006, 104(1): 13523.

[28] Mackiewicz L G. A TEM study of the influence of microstructure on the superplastic behavior of U-5.8wt% Nb alloy, Y/DW-641[R]. U.S. Atomic Energy Commission, 1986.

[29] Hayes D B, Gray I G T, Hall C A, et al. Elastic-plastic behavior of U6Nb under ramp loading: SHOCK COMPRESSION OF CONDENSED MATTER-2005, 2006[C].

[30] Valot C, Conradson S, Teter D, et al. Local atomic structure in uranium-niobium shape memory alloys: PLUTONIUM FUTURES — THE SCIENCE: Third topical conference on plutonium and actinides, 2003[C].

[31] Vandermeer R A. Martensitic transformation, shape memory effects, and other curious mechanical effects, Y/DV-207[R]. U.S. Department of Energy, 1982.

[32] Addessio F L, Zuo Q H, Mason T A, et al. Model for high-strain-rate deformation of uranium-niobium alloys[J]. J. Appl. Phys., 2003, 93: 9644-9654.

[33] Brown D W, Bourke M, Field R D. Neutron diffraction study of the deformation mechanisms of the uranium-7wt% niobium shape memory alloy[J]. Materials Science and Engineering: A, 2006, 421: 15-21.

[34] 王永跃.铌的应用与发展[J].稀有金属与硬质合金,1996,124:41-43.

[35] Kofstad P. High temperature oxidation of metals[M]. New York: Wiley, 1966.

[36] 王清辉.铀的合金化和某些铀合金的相变行为[R].中国工程物理研究院材料所,1997.

[37] Cathcart J V, Pawel R E, Petersen G F. High temperature oxidation of uranium alloys, CONF-720523-1[R]. U.S. Atomic Energy Commission, 1972.

[38] Matsui T M, Yamada T. Oxidation of U-10at% Zr alloy in air at 432-1028K[J]. J. Nucl. Mater., 1994, 210: 172-177.

[39] Matsui T M, Yamada T, Ikai Y, et al. Oxidation of U-20at% Zr alloy in air at 423-1063 K[J]. J. Nucl. Mater., 1993, 199: 143-148.

[40] Cathcart J V，Pawel R E，Petersen G F. The Oxidation Properties Of U-16.6at%Nb-5.6%Zr And U-21at%Nb[J]. Oxid. Metals，1971，3：497-521.

[41] Cathcart J V，Petersen G F. The low-temperature oxidation of U-Nb and U-Nb-Zr alloys[J]. J. Nucl. Mater.，1972，43：86-92.

[42] Cathcart N，Liu C T. The mechanical properties of two uranium alloys and their role in the oxidation of alloys[J]. Oxid. Metals，1973，6：123-143.

[43] Cathcart J V，Petersen G F. The oxidation of U-14at%Zr between 700 and 900 deg[J]. Oxid. Metals，1973，7：31-43.

[44] Antill J E，Peakall K A. Oxidation of uranium alloys in carbon dioxide and air[J]. Journal of the Less-Common Metals，1961，3：239-246.

[45] Hanrahan R J，Teter D F，Thoma D J，et al. Atmospheric corrosion and aging of uranium-niobium alloys，LA-UR-02-406[R]. Los Alamos Scientific Laboratory，2002.

[46] Hanrahan R J，Thoma D J，Cady C M，et al. Corrosion and ageing of uranium-niobium alloys，LA-UR-99-1578[R]. Los Alamos Scientific Laboratory，1999.

[47] Magnani N J. Reaction of water vapor with uranium-7.5 weight percent niobium-2.5 weight percent zirconium and uranium-4.5 weight percent niobium，SC-RR-720635[R]. U.S. Atomic Energy Commission，1972.

[48] Manner W L，Lfoyd J A，Hanrahan R J J，et al. An examination of the initial oxidation of a uranium-base alloy U-14.1at%Nb by O_2 and D_2O using surface-sensitive techniques[J]. Applied Surface Science，1999，150：73-88.

[49] Kelly D，Lillard J A，Manner W L，et al. Surface characterization of oxidative corrosion of uranium-niobium alloys，LA-UR-00-4808[R]. Los Alamos Scientific Laboratory，2000.

[50] 杨江荣,汪小琳,周萍,等.U-2.5%Nb 合金在空气中的氧化行为[J].核化学与放射化学,2009(3)：129-133.

[51] 杨江荣.U-2.5wt%Nb 合金的氧化动力学与环境气氛腐蚀对力学性能的影响研究[D].中国工程物理研究院,2007.

[52] 杨江荣,汪小琳,周萍,等.氧化对 U-2.5wt%Nb 合金拉伸性能的影响研究[J].核科学与工程,2007(3)：259-264.

[53] 陆雷,白彬,邹觉生,等.铀铌合金表面初始氧化行为的电子能量损失谱[J].中国工程物理研究院科技年报,2007.

[54] 陆雷,赖新春,白彬,等.铀铌合金热氧化过程的 AES 研究[J].中国工程物理研究院科技年报,2009.

[55] 罗丽珠,杨江荣,周萍.铀铌合金表面热氧化膜结构研究[J].原子能科学技术,2010,44(9)：1047-1053.

[56] Delegard C H，Schmidt A J. Uranium metal reaction behavior in water，sludge，and grout matrices，PNNL-17815[R]. U.S. Atomic Energy Commission，2008.

[57] Fonnesbeck J E. Quantitative analysis of hydrogen gas formed by aqueous corrosion of metallic uranium，ANL-00/19[R]. U.S. Argonne National Laboratory，2000.

[58] Magnani N J. Reaction of uranium and its alloys with water vapor at low temperatures，SAND-74-0145[R]. U.S. Sandia Laboratory，1974.

[59] Ritchie A G. The kinetics of the uranium-oxygen-water vapour reaction between 40 and 100 ℃[J]. J. Nucl. Mater.，1986，139：121-136.

[60] Ritchie A G. The kinetic and mechanism of the uranium-water vapor reaction — an evaluation of

some published work[J]. J. Nucl. Mater. , 1984, 120: 143-153.

[61]　Ritchie A G. Measurements of the rate of the uranium-water vapour reaction[J]. J. Nucl. Mater. , 1986, 140: 197-201.

[62]　王士杰. 铀、铀合金在潮湿气氛中长期贮存的腐蚀和氧的抑制作用[R]. 中国工程物理研究院, 1985.

[63]　Katz O M, Gulbransen E A. Some observations on the uranium-niobium-hydrogen system[J]. J. Nucl. Mater. , 1962, 5: 269-279.

[64]　Owen L W, Scudamore R A. A microscope study of the initiation of hydrogen-uranium reation[J]. Corrosion Sci. , 1966, 6: 461-465.

[65]　Condon J B. Calculated vs. experimental hydrogen reaction rates with uranium[J]. J. Chem. Phys. , 1975, 79: 392-397.

[66]　Bloch J. The initial kinetics of uranium hydride formation studied by a hot-stage microscope technique[J]. Journal of the Less-Common Metals, 1984, 103: 117-163.

[67]　Bloch J. The kinetics of a moving metal hydride layer[J]. J. Alloys Compounds, 2000, 312: 135-153.

[68]　Bloch J, Brami D, Kremner A. Effects of gas phase impurities on the topochemical-kinetic behavior of uranium hydride development[J]. Journal of the Less-Common Metals, 1988, 139: 371-383.

[69]　Bloch J, Mintz M H. Kinetics and mechanism of the U-H reaction[J]. Journal of the Less-Common Metals, 1981, 81: 301-320.

[70]　Bloch J, Mintz M H. Types of hydride phase development in bulk uranium and holmium[J]. J. Nucl. Mater. , 1982, 110: 251-255.

[71]　Bloch J, Mintz M H. The effect of thermal annealing on the hydriding kinetics of uranium[J]. Journal of the Less-Common Metals, 1990, 166: 241-251.

[72]　Bloch J, Mintz M H. The hydriding kinetics of quenched uranium-0.1% chromium[J]. J. Alloys Compounds, 1996, 241: 224-231.

[73]　Bloch J, Mintz M H. Kinetics and mechanisms of metal hydrides formation-a review[J]. J. Alloys Compounds, 1997, 253-254: 529-541.

[74]　Bloch J, Mintz M H. The kinetics of hydride formation in uranium[R]. IAEC-Annual Report, Israel, 2001.

[75]　Balooch M, Hamza A V. Hydrogen and water vapor adsorption on and reaction with uranium[J]. J. Nucl. Mater. , 1996, 230: 259-270.

[76]　Ben-Eliyahu Y, Brill M. Hydride nucleation and formation of hydride growth centers on oxidized metallic surfaces-kinetic theory[J]. J. Chem. Phys. , 1999, 111: 6053-6060.

[77]　Bingert J F, Hanrahan R J, Field R D. Microtextural investigation of hydrided α-uranium[J]. J. Alloys Compounds, 2004, 362: 138-148.

[78]　Brill M, Bloch J, Mintz M H. Experimental verification of the formal nucleation and growth rate equations-initial UH_3 development on uranium surface[J]. J. Alloys Compounds, 1998, 266: 180-185.

[79]　Cohen D, Zeiri Y, Mintz M H. Model calculations for hydride nucleation on oxide-coated metallic surface: surface and diffusion-related parameters[J]. J. Alloys Compounds, 1992, 184: 11-17.

[80]　Glascott J. Hydrogen and uranium interaction between the first and last naturally occurring elements[J]. The Science and Technology Journal of AWE, 2003, 6: 16-27.

[81]　Greenbaum Y, Barlam D, Mintz M H. The strain energy and shape evolution of hydrides precipi-

tated at free surfaces of metals[J]. J. Alloys Compounds, 2008, 452: 325-335.

[82] Harker R M. The influence of oxide thickness on the early stages of the massive uranium-hydrogen reaction[J]. J. Alloys Compounds, 2006, 426: 106-117.

[83] Hanrahan R J, Hawley M E, Brown G W. The influence of surface morphology and oxide microstructure on the nucleation and growth of uranium hydride on alpha uranium, LA-UR-98-2193 [R]. Los Alamos Scientific Laboratory, 1998.

[84] Kirkpatrick J R, Condon J B. The linear solution for hydriding of uranium[J]. Journal of the Less-Common Metals, 1991, 172-174: 124-135.

[85] Moreno D, Arkush R, Zalkind S. Physical discontinuities in the surface microstructure of uranium alloys as preferred sites for hydrogen attack[J]. J. Nucl. Mater., 1996, 230: 181-186.

[86] Powell G L, Harper W L, Kirkpatrick J R. The kinetics of the hydriding of uranium metal[J]. Journal of the Less-Common Metals, 1991, 172-174: 116-123.

[87] Powell G L, Kirkpatrick J R. Solubility of hydrogen and deuterium in bcc uranium-titanium alloys [J]. J. Alloys Compounds, 1997, 253-254: 167-170.

[88] Swissa E, Shamir N, Mintz M H. Heat-induced redistribution of surface oxide in uranium[J]. J. Nucl. Mater., 1999, 173: 87-92.

[89] Teter D F, Hanrahan R J, Wetteland C J. Uranium hydride nucleation kinetics: effects of oxide thickness and vacuum outgassing, LA-13772-MS[R]. Los Alamos Scientific Laboratory, 2001.

[90] Teter D F, Hanrahan R J, Wetteland C J. Uranium hydride initiation kinetics: effect of oxide thickness, LA-UR-80-4514[R]. Los Alamos Scientific Laboratory, 2001.

[91] Bazley S G, Petherbridge J R, Glascott J. The influence of hydrogen pressure and reaction temperature on the initiation of uranium hydride sites[J]. Solid State Ionics, 2012(211): 1-4.

[92] Arkush R, Venkert A, Aizenshtein M. Site related nucleation and growth of hydrides on uranium surface[J]. J. Alloy Compounds, 1996(244): 197-205.

[93] Somerday B, Sofronis P, Jones R. Effects of hydrogen on materials: ASM international-materials Park, OH, 2009[C].

[94] Taylor C D, Scott L R. Ab-initio calculations of the uranium-hydrogen system: thermodynamics, hydrogen saturation of α-U and phase-transformation to UH_3 [J]. Acta Mater., 2010(58): 1045-1055.

[95] Taylor C D, Scott L R. Ab-initio calculations of the hydrogen-uranium system: surface phenomena, adsorption, transport and trapping[J]. Acta Mater., 2009(57): 4707-4715.

[96] Wood D H, Dini J W. Tensile testing of U-5.3wt%Nb and U-6.8wt%Nb alloys[J]. J. Nucl. Mater., 1983, 114: 199-205.

[97] Brunet H. Stress corrosion cracking of an uranium-6 weight percent niobium in gaseous oxygen, nitrogen and hydrogen, CEA-R-5475[R]. U.S. Atomic Energy Commission, 1989.

[98] Lepoutre D. Embrittlement of the U-7.5Nb-2.5Zr uranium alloy in gaseous environments, CEA-R-5239[R]. U.S. Atomic Energy Commission, 1984.

[99] Lepoutre D, Nomine A M, Miannay D. Embrittlement of the alloy U-7.5Nb-2.5Zr by gaseous oxygen, DE81-700255[R]. U.S. Atomic Energy Commission, 1981.

[100] 李瑞文. U-2.5wt%Nb 合金的氢蚀及其对力学性能影响[D]. 中国工程物理研究院, 2009.

[101] 李瑞文, 汪小琳, 李赣. 铀材及铀合金氢蚀影响因素分析[J]. 材料保护, 2010(5): 20-22.

[102] 李瑞文, 汪小琳, 李赣, 等. U-2.5Nb 氢蚀初期动力学试验研究[J]. 原子能科学技术, 2009(8):

683-687.

[103] 李瑞文,汪小琳,李赣,等.氢蚀对 U-2.5Nb 合金力学性能的影响[J].稀有金属材料与工程,2010 (8):1423-1426.

[104] 邹乐西,孙颖,齐连柱.预热退火对铀和铀铌合金氢化动力学的影响[J].核化学与放射化学,2004 (26):3.

[105] Macki J M, Kochen R L. The stress-corrosion cracking behavior of U-4.2 weight percent Nb alloy aged 80 hours at 250 deg, RFP-1824[R]. U.S. Atomic Energy Commission, 1972.

[106] Magnani N J. Stress corrosion cracking in quenched and in underaged U-6wt%Nb, SAND 75-0191 [R]. U.S. Atomic Energy Commission, 1975.

[107] Magnani N J. Stress corrosion cracking of uranium-niobium alloys, SAND-78-0439[R]. U.S. Atomic Energy Commission, 1978.

[108] Magnani N J, Boultinghouse K D. Stress corrosion cracking behavior of U-4.5wt percent Nb in laboratory air, SC-RR-71-0426[R]. U.S. Atomic Energy Commission, 1972.

[109] Koch W, Holthausen M C. A chemist's guide to density functional theory[M]. Weinheim: Wiley-VCH Verlag GmbH, 2001.

[110] Perdew J P, Schmidt K. Density functional theory and its application to materials[M]. Melville: American Institute of Physics, 2001.

[111] Sholl D S, Steckel J A. Density functional theory: A practical introduction[M]. Hoboken: John Wiley & Sons Inc, 2009.

[112] Parr R G, Yang W. Density-functional theory of atoms and molecules[M]. Oxford: Oxford University Press, 1989.

[113] Martin R M. Electronic structure: basic theory and practical methods[M]. Cambridge: Cambridge University Press, 2004.

[114] Kohn W. Nobel lecture: electronic structure of matter-wave functions and density functionals[J]. Rev. Mod. Phys., 1999, 71(5): 1253-1266.

[115] Fermi E. Un metodo statistice per la detenninazione di alcune proprieta dell'atomo[J]. Rend. Accad. Naz. Lincei, 1927, 6(23): 602-607.

[116] Hohenberg P, Kohn W. Inhomogeneous electron gas[J]. Phys. Rev., 1964, 136 (3B): B864-B871.

[117] March N H. The Thomas-Fermi approximation in quantum mechanics[J]. Adv. Phys., 1957, 6(21): 1-101.

[118] Thomas L H. The calculation of atomic fields[J]. Proc. Camb. Phil. Soc., 1927, 23: 542-548.

[119] Kohn W, Meir Y, Makarov D. Van der Waals energies in density functional theory[J]. Phys. Rev. Lett., 1998, 80: 4153-4156.

[120] Ceperley D M, Alder B J. Ground state of the electron gas by a stochastic method[J]. Phys. Rev. Lett., 1980, 45: 566-569.

[121] Perdew J P, Wang Y. Accurate and simple analytic representation of the electron-gas correlation energy[J]. Phys. Rev. B, 1992, 45: 13244-13249.

[122] Vosko S H, Willc L, Nusair M. Accurate spin-dependent electron liquid correlation energies for local spin density calculations: a critical analysis[J]. Can. J. Phys., 1980, 58: 1200-1211.

[123] Perdew J P, Zunger A. Self-interaction correction to density-functional approximations for many-electron systems[J]. Phys. Rev. B, 1981, 23: 5048-5079.

[124] Mattsson A E, Schultz P A, Desjarlais M P. Designing meaningful density functional theory calcu-lations in materials science-a primer[J]. Modelling Simul. Mater. Sci. Eng., 2005, 13: R1-R31.

[125] Perdew J P, Chevary J A, Vosko S H. Atoms, molecules, solids, and surfaces: Applications of the generalized gradient approximation for exchange and correlation[J]. Phys. Rev. B, 1992, 46: 6671-6687.

[126] Becke A D. Density-functional exchange-energy approximation with correct asymptotic behavior [J]. Phys. Rev. A, 1988, 38: 3098-3100.

[127] Lee C, Yang W, Parr R G. Development of the Colle-Salvetti correlation-energy formula into a functional of the electron density[J]. Phys. Rev. B, 1988, 37: 785-789.

[128] Perdew J P, Burke K, Ernzerhof M. Generalized Gradient Approximation Made Simple[J]. Phys. Rev. Lett., 1996, 77: 3865-3868.

[129] Mattsson A E, Kohn W. An energy functional for surfaces[J]. J. Chem. Phys., 2001, 115: 3441-3443.

[130] Mattsson T R, Mattsson A E. Calculating the vacancy formation energy in metals: Pt, Pd, and Mo[J]. Phys. Rev. B, 2002, 66: 214110-214117.

[131] Tao J, Perdew J P, Staroverov V N. Climbing the density functional ladder: nonempirical meta-generalized gradient approximation dcsigned for molecules and solids[J]. Phys. Rev. Lett., 2003, 91: 146401-146404.

[132] Mattsson A E, Jennison D R. Computing accurate surface energies and the importance of electron self-energy in metal/metal-oxide adhesion[J]. Surf. Sci., 2002, 520: 611-618.

[133] Armiento R, Mattsson A E. Subsystem functionals in density-functional theory: Investigating the exchange energy per particle[J]. Phys. Rev. B, 2002, 66: 165117-165133.

[134] Dobson J F, Wang J. Successful test of a seamless van der Waals density functional[J]. Phys. Rev. Lett., 1999, 82: 2123-2126.

[135] Carling K, Wahnstrom G, Mattsson T R. Vacancies in metals: from first-principles calculations to experimental data[J]. Phys. Rev. Lett., 2000, 85: 3862-3865.

[136] Burke K, Gross E. A guided tour of time-dependent density functional theory[R]. New York, Lecture Notes in Physics, 1998.

[137] Baroni S, Gironcoli S D, Cors A D. Phonons and related crystal properties from density-func-tional perturbation theory[J]. Rev. Mod. Phys., 2001, 73: 515-562.

[138] Anisimov V I, Zaanen J, Andersen O K. Band theory and Mott insulators: Hubbard U instead of Stoner I[J]. Phys. Rev. B, 1991, 44: 943-954.

[139] Georges A, Kotliar B G, Kreuth W. Dynamical mean-field theory of strongly correlated fermion systems and the limit of infinite dimensions[J]. Rev. Mod. Phys., 1996, 68: 13-125.

[140] Vanderbilt D. Soft self-consistent pseudopotentials in a generalized eigenvalue formalism[J]. Phys. Rev. B, 1990, 41(11): 7892-7991.

[141] Hamann D R, Schluter M, Chiang C. Norm-conserving pseudopotentials[J]. Phys. Rev. Lett., 1979, 43: 1494-1497.

[142] Blochl P E. Projector augmented-wave method[J]. Phys. Rev. B, 1994, 50: 17953-17979.

[143] Jónsson H, Mills G, Jacobsen K W. Nudged elastic band method for finding minimum energy paths of transitions[M]//Berne B J, Ciccotti G, Coker D F. Classical and quantum dynamics in condensed phase simulations. World Scientific, 1998: 385.

[144] Henkelman G，Jónsson H. Improved tangent estimate in the nudged elastic band method for finding minimum energy paths and saddle points[J]. J. Chem. Phys.，2000(113)：9978.

[145] Henkelman G，Uberuaga B P，Jónsson H. A climbing image nudged elastic band method for finding saddle points and minimum energy paths[J]. J. Chem. Phys.，2000(113)：9901.

[146] http：//theory. cm. utexas. edu/vtsttools/neb. html.

[147] Kresse G，Furthmuller J. Efficiency of ab-initio total energy calculations for metals and semiconductors using a plane-wave basis set[J]. Computational Materials Science，1996，6(1)：15-50.

[148] Kresse G，Furthmuller J. Efficient iterative schemes for ab initio total energy calculations using a plane-wave basis set[J]. Phys. Rev. B，1996，54(16)：11169.

[149] Joubert D，Kresse G. From ultrasoft pseudopotentials to the projector augmented-wave method [J]. Phys. Rev. B，1999，59(3)：1758-1775.

[150] Blöchl P E. Projector augmented-wave method[J]. Phys. Rev. B，1994，50：17953-17979.

[151] Abild-Pedersen F，Andersson M P. CO adsorption energies on metals with correction for high coordination adsorption sites — A density functional study[J]. Surf. Sci.，2007(601)：1747.

[152] Fuchs M，Silva J L F D，Stampfl C，et al. Cohesive properties of group-III nitrides：A comparative study of all-electron and pseudopotential calculations using the generalized gradient approximation[J]. Phys. Rev. B，2002(65)：245212.

[153] Hammer B，Hansen L B，Nørskov J K. Improved adsorption energetic within density-functional theory using revised perdew-burke-ernzerhof functionals[J]. Phys. Rev. B，1999(59)：7413.

[154] Zhang Y K，Yang W T. Comment on gradient approximation made simple[J]. Phys. Rev. Lett.，1998(80)：890.

[155] Xiang S，Huang H，Hsiung L M. Quantum mechanical calculations of uranium phases and niobium defects in γ-uranium[J]. J. Nucl. Mater.，2008(375)：113-119.

[156] Barrett C，Mueller M，Hitterman R. Crystal structure variations in alpha uranium at low temperatures[J]. Phys. Rev. B，1963(129)：625-629.

[157] Wilson A，Rundle R. The structures of uranium metal[J]. Acta Crystal.，1949(2)：126-127.

[158] Vandemeer R A. Shape memory effect in uranium-niobium alloys below room temperature[R]. The University of Tennessee，1985.

[159] Nie J L，Xiao H Y，Zu X T，et al. Hydrogen adsorption，dissociation and diffusion on the α-U (001) surface[J]. Journal of Physics：Condensed Matter，2008，20(44)：445001.

[160] 刘智骁，邓辉球，胡望宇.氧、氢和碳原子在 α-铀(001)表面吸附与扩散特性的第一性原理研究[J]. 中国有色金属学报，2013(04)：1160-1167.

[161] 聂锦兰.金刚石和铀表面吸附特性的第一性原理研究[D].电子科技大学，2008.

[162] 林文龙.H_2 在 Nb(100)和 Nb(110)表面吸附的第一性原理研究[D].浙江大学，2012.

[163] Clark C D，Dean P J，Harris P V. Intrinsic edge absorption in diamond[J]. Proceedings of the Royal Society of London Series A-Mathematical and Physical Science，1964，277(137)：312.

[164] Henkelman G，Arnaldsson A，Jónsson H. A fast and robust algorithm for Bader decomposition of charge density[J]. Comput. Mater. Sci.，2006，36：354-360.

[165] Sanville E，Kenny S D，Smith R，et al. An improved grid-based algorithm for Bader charge allocation[J]. J. Comp. Chem.，2007，28：899-908.

[166] Tang W，Sanville E，Henkelman G. A grid-based Bader analysis algorithm without lattice bias [J]. J. Phys.：Condens. Matter，2009，21：84204.

[167] Huda M N，Ray A K. Density functional study of O_2 adsorption on (100) surface of γ-uranium [J]. Int. J. Quantum Chem. , 2004(102)：98-105.

[168] 李赣,罗文华,陈虎翅.O_2 在 α-U(001)面吸附的密度泛函理论研究[J].化学研究与应用,2010(10)：1283-1289.

[169] 伏晓国,刘柯钊,汪小琳,等.O_2 在 U 和 U-Nb 合金表面吸附的 XPS 研究[J].金属学报,2001,37(6)：575-578.

[170] 汪小琳,傅依备,谢仁寿.金属铀在各种气体环境中的表面氧化反应,CNIC-01037 RIPCE 0003[R].北京:原子能出版社,1996.

[171] Winer K，Colmenares C A，Smith R L，et al. Interaction of water vapor with clean and oxygen-covered uranium surfaces[J]. Surface Science，1987，183(1)：67-99.

[172] Haschke J M，Allen T H，Morales L A. Reactions of plutonium dioxide with water and hydrogen-oxygen mixtures：Mechanisms for corrosion of uranium and plutonium[J]. Journal of Alloys and Compounds, 2001，314(1)：78-91.

[173] 熊必涛,蒙大桥,薛卫东,等.铀与水蒸气体系的热力学性质计算[J].物理学报,2003,52(7)：1617-1623.

[174] Mintz M H，Shamir N. The use of direct recoil spectrometry (DRS) for the study of water vapor interactions on polycrystalline metallic surfaces—the H_2O/U and H_2O/Ti systems[J]. Applied surface science，2005，252(3)：633-640.

[175] Shamir N，Tiferet E，Zalkind S，et al. Interactions of water vapor with polycrystalline uranium surfaces[J]. Surface Science，2006，600(3)：657-664.

[176] Younes C M，Allen G C，Embong Z. Auger electron spectroscopic study of the surface oxidation of uranium-niobium alloy (U-6wt.%Nb) in a UHV environment containing primarily H_2，H_2O and CO[J]. Surface Science，2007，601(15)：3207-3214.

[177] Tiferet E，Zalkind S，Mintz M H，et al. Interactions of water vapor with polycrystalline uranium surfaces-The low temperature regime[J]. Surface Science，2007，601(4)：936-940.

[178] Tiferet E，Mintz M，Zalkind S，et al. The interaction of water vapor and hydrogen water mixtures with a polycrystalline uranium surface[J]. Annales UMCS，Chemistry，2008，63：271-286.

[179] 李赣,余慧龙,银陈.H_2O 分子在 α-U(001)表面的吸附和解离[J].稀有金属材料与工程,2014(1)：85-90.

[180] Yang Y，Zhang P. First-principles molecular dynamics study of water dissociation on the γ-U (100) surface[J]. Journal of Physics：Condensed Matter，2015，27(17)：175005.

[181] Haschke J M. Corrosion of uranium in air and water vapor：consequences for environmental dispersal[J]. Journal of Alloys and Compounds，1998，278(1)：149-160.

[182] Chandler D. Introduction to modern statistical mechanics[M]. Oxford：Oxford University Press，1987.

[183] Frenkel D，Smit B. Understanding molecular simulation：from algorithms to applications[M]. Academic Press，2001.